高耸构筑物爆破理论及技术

陈德志　李本伟　编著

科学出版社

北京

内 容 简 介

本书结合理论分析、现场试验、数值模拟与工程应用，对特大型高耸构筑物爆破拆除技术进行系统论述。

本书对高耸构筑物爆破拆除倒塌过程进行了深入的力学分析，并建立了风荷载作用的力学模型；进行了爆破荷载对高耸构筑物的瞬态和稳态动力响应研究；研究了不同尺寸的导向窗对烟囱爆破拆除的影响；对电子雷管及其起爆系统的机理和主要技术进行了深入研究；对倒塌受力与运动进行了计算分析；通过爆破拆除振动效应、应力应变及高速摄影等现场测试，依据爆破地震波衰减规律，提出了相应的爆破振动计算公式；提供了拱形超大开口导向窗、触地危害效应综合防护、多层柔性复合材料交叉近体防护、定向窗精确控制等系列关键技术，并在具体工程实例中进行了介绍。

本书可供从事爆破拆除工作的研究人员和工程技术人员使用，亦可供力学、建筑、矿业等专业的院校师生参考。

图书在版编目(CIP)数据

高耸构筑物爆破理论及技术/陈德志，李本伟编著. —北京：科学出版社，2018.11

ISBN 978-7-03-059747-2

Ⅰ.①高… Ⅱ.①陈… ②李… Ⅲ.①高耸建筑物-爆破拆除-研究 Ⅳ.①TU746.5

中国版本图书馆 CIP 数据核字(2018)第 262347 号

责任编辑：李建峰　王　晶/责任校对：董艳辉
责任印制：徐晓晨/封面设计：苏　波

科 学 出 版 社 出版

北京东黄城根北街 16 号
邮政编码：100717
http://www.sciencep.com

北京凌奇印刷有限责任公司 印刷

科学出版社发行　各地新华书店经销

*

开本：787×1092　1/16
2018 年 11 月第 一 版　印张：10 1/2
2019 年 6 月第二次印刷　字数：246 000

定价：**75.00 元**

(如有印装质量问题，我社负责调换)

作者简介

陈德志,1970 年生,湖北人,博士,中钢集团武汉安全环保研究院爆破研究所副所长,教授级高级工程师,国务院政府特殊津贴专家,中国中钢集团有限公司专家,获省部级科技进步奖一等奖 3 项,二等奖 1 项,三等奖 1 项,获授权专利 12 项,发表专业学术论文 60 余篇,其中 11 篇论文被 EI 收录。其主要从事爆破技术研究及爆破实践和创新工作;主持设计并实施了"亚洲爆破第一高"南昌电厂 210 m 高钢筋混凝土烟囱爆破,"华中第一爆"荆门热电厂#4、5 机组主厂房,2 座 110 m 高冷却塔及 210 m 钢筋砼烟囱爆破拆除,"浙江第一爆"台州电厂 2 座 210 m 烟囱及 150 m 烟囱爆破拆除等数十项具有影响力的拆除爆破工程。

李本伟,1981 年生,黑龙江人,硕士,高级工程师,中国中钢集团有限公司青年专家。其从事工程爆破研究及实施工作,多次获得省部级科技进步奖,获授权专利 10 项,在核心期刊和国内外会议上发表论文 20 余篇。

前　言

随着国家"上大压小、节能减排"政策的大力实施,近年来在城市和厂矿企业的改、扩建工程中,大型高耸构筑物的拆除工程越来越多,环境越来越复杂,现有理论已不能满足工程需要。因此,研究开发与之相适应的特大型高耸构筑物爆破拆除理论方法和关键技术就具有特别重要的理论和现实意义。

本书结合理论分析、现场试验、数值模拟与工程应用,对特大型高耸构筑物爆破拆除技术进行系统的论述。

本书对高耸构筑物爆破拆除倒塌过程进行深入的力学分析,建立相关的失稳及破坏模型;建立风荷载作用下筒形高耸构筑物定向倾倒的力学模型,对定向爆破切口进行受力分析,着重研究漩涡脱落的横风向风振作用对倾倒力学条件的改变及对倾倒方向的影响;进行爆破荷载对高耸构筑物的瞬态和稳态动力响应研究,提出瞬态和稳态动力响应下动力放大系数的计算公式;进行不同尺寸导向窗的烟囱爆破拆除机理研究。基于可靠性理论,针对特大型高耸构筑物爆破拆除对起爆器材高安全性与高精度的要求,进行爆破拆除起爆网路可靠性的研究。基于分离式模型分析起爆后不同时刻切口上部和支撑部位的应力分布状态,以实现特大型高耸构筑物爆破拆除倒塌过程的数值仿真。通过特大型高耸构筑物爆破拆除振动效应、应力应变及高速摄影等现场测试,依据爆破地震波衰减规律,提出相应爆破振动计算公式;提供拱形超大开口导向窗、触地危害效应综合防护技术、多层柔性复合材料交叉近体防护、定向窗精确控制等系列关键技术。

衷心感谢中钢集团武汉安全环保研究院徐国平院长、王先华副院长、程慧高部长,爆破研究所丁帮勤所长、何国敏教授级高级工程师、张萍高级工程师、安玉东高级工程师、李克菲高级工程师、周应军工程师的鼓励和支持!

衷心感谢武汉科技大学钟冬望教授、吴亮副教授、韩芳副教授、李琳娜副教授、龚相超副教授、陈浩高级工程师对本书完成给予的大力支持和无私的帮助!

由于笔者一家言微,难免疏误,恳请爆破界同仁批评指正,本书内容参考和引述了大量同仁的论述和著作,在此深表感谢!

作　者
2018 年 5 月

目　　录

第1章 概　　述

1.1　高耸构筑物爆破拆除的产生和发展

　　高耸构筑物是指如烟囱、水塔、塔楼等高径比大,重心高,支撑面积相对小[1-2]的构筑物。随着国民经济的飞速发展和"上大压小、节能减排"政策的实施[3-4],以及控制爆破拆除高耸构筑物具有安全、经济、迅速等优点[5-7],近年来我国在厂矿企业的改建、扩建工程和城市发展中,废弃烟囱、水塔、冷却塔、塔楼等高耸筑物越来越多地采用爆破拆除技术。由于高耸构筑物多是位于环境复杂、人口稠密的建筑群之中,在拆除高耸构筑物时,对倒塌范围、倾倒方向、爆破飞石、爆破振动、触地振动和粉尘等提出了严格的要求。如果倾倒方向偏差过大,甚至出现反方向倒塌,将造成严重的后果[8-10]。随着城市综合减灾大安全观念的提高,人们对高耸构筑物拆除爆破时产生的有害效应控制的要求越来越高[11-12]。目前,国内对高耸构筑物的控制爆破拆除设计主要依赖于实际经验、一些定性的分析和根据若干次爆破试验和实践总结出来的经验和半经验公式。因此,研究高耸构筑物控制爆破拆除理论并进行关键技术的开发已成为当务之急,要求爆破拆除高耸构筑物时,能使构筑物安全、平稳、准确地定向倾倒。

　　爆破拆除高耸构筑物的基本原理:在拆除高耸构筑物倾倒的底部及适当部位和范围内实施爆破,形成缺口,而在其反向保留一定长度的支撑体,采用炸高差(不同部位选用不同爆破破坏高度)、时间差(不同部位选用不同的起爆时间)造成构筑物失稳,继而在重力作用下产生倾覆力矩使高耸构筑物失稳倾斜;当开口闭合时,高耸构筑物重心投影应偏出支撑面,使之在重力作用下加速倾倒[13-15]。烟囱类高耸构筑物定向爆破时可归纳为两个阶段:①初期阶段,即起爆瞬间产生微小倾斜的一个时间阶段,可将其视为由一段保留筒壁支撑的偏心刚体。在此阶段内,若偏心受压的保留筒壁强度不够,筒体迅速发生破坏,出现下沉现象,筒体下沉时会倾斜一定角度。这样,保留的筒壁就会向外挤压坍塌,从而出现后坐现象。②后期阶段,即筒体倾倒落地整个过程,可简化为刚体定轴转动的力学问题,若烟囱类高耸构筑物筒体整体强度较差,其触地断面在触地瞬间受剪压破坏,筒体呈断裂状坍落于地[16-17]。

　　自从采用定向爆破技术拆除高耸构筑物后,在爆破拆除理论研究方面虽然取得了一定的进展,但目前总的状况是理论研究明显滞后于工程实践水平[18-20]。目前已经形成了一套基于实践经验的比较完整的爆破设计和施工技术,也成功控制爆破拆除了一些高难度的高耸构筑物,到目前为止成功爆破拆除超过 150 m 高的钢筋混凝土烟囱已有几十例,这类工程爆破施工场地大多位于城市繁华地段和工厂管网设备密集地,周边环境复杂苛刻,周围的设备、建筑物和设施对爆破的可靠性和准确性提出了苛刻要求。2012 年 2 月12 日中钢集团武汉安全环保研究院成功爆破拆除"亚洲第一高"江西南昌电厂210 m 钢筋混凝土烟囱就是高耸构筑物爆破拆除从理论研究到工程应用的成功经验。

尽管爆破拆除技术已发展到一个较高的水平,但由于爆破过程的复杂性,测试手段的局限性和爆破工程的高安全性,目前在高耸构筑物爆破拆除领域,还存在一些问题:

1) 高耸构筑物爆破拆除的原理研究还不深入[21-23]。目前高耸构筑物爆破拆除设计以经验公式和半经验公式为基础,以爆破工程技术人员的经验进行技术设计。实际工程中烟囱倾倒方向偏差过大,甚至出现反方向倒塌,砸坏周围建、构筑物的事故也时有发生[24-25]。加强高耸构筑物控制爆破拆除的理论研究则是当务之急。

2) 实际爆破工程中,高耸筒形构筑物往往只考虑了顺风向的平均风荷载和脉动风荷载,没有顾及横风向的风振响应[26-29],而《烟囱设计规范》(GB 50051—2002)也没有相关规定。当烟囱出现横风向漩涡脱落共振响应时,横向风振和临界风速下顺风向响应的共同作用可能对高耸筒形构筑物起控制作用,对定向爆破倾倒角度有影响。

3) 高耸结构的爆破拆除过程是一个复杂的力学过程,出于对爆破安全的更高要求,需要对爆破切口各参数和倒塌过程的动力学分析做细致透彻的研究。然而其力学模型的建立需要多学科的交叉,对于钢筋混凝土构件塑性阶段的破坏机理、介质的变形、风荷载的影响和压杆稳定性诸多问题的研究还不够深入,系统准确的理论体系还未能建立起来。

4) 随着爆破工程规模的日益扩大,控制爆破中延时误差对爆破效果的影响相应变大,因此对爆破延时精度的要求也将越来越高。采用传统起爆技术难以达到延时绝对精确的目的,不能适应爆破技术发展的需要,而电子雷管起爆系统延时的极高准确性却能满足爆破技术发展和爆破工程应用的需要。因此,迫切需要针对高耸构筑物周围环境和结构本身的特殊性,开发高耸构筑物爆破拆除电子数码雷管起爆技术,实现高精度起爆时序控制,为精确爆破设计、爆破效果控制提供技术支持。

5) 在高耸构筑物定向倾倒的准确性的控制方面,由于研究手段和测试技术还不成熟,测试分析主要凭工程经验[30-33]。而高耸构筑物爆破坍塌范围及破碎程度的确定完全取决于高耸构筑物的结构特征、自身的高度、岩土地基的动载特性和材料性质等各种因素的影响。

6) 关于高耸构筑物触地振动和触地产生的飞溅物对周边建筑物的影响控制研究比较落后,在实际工程中人们越来越关注触地振动和触地产生的飞溅物对周边结构物破坏的原理及控制方法研究。高耸构筑物倒塌引起的触地振动振动频率较低,与周围结构物自振频率较接近,因此如何降低高耸构筑物触地振动对周围结构物的影响是当前需要解决的一大问题[20,34-35]。

综上所述,加快高耸构筑物控制爆破拆除的理论研究和关键技术的开发已经是一个十分紧迫的课题。

1.2　高耸构筑物爆破拆除研究现状

1.2.1　国内研究现状

随着爆破拆除技术的成熟,爆破拆除已成为拆除业中最有竞争力的方法之一。由于爆破拆除法具有快速、安全、经济等优点,各国的专家、学者对高耸构筑物爆破拆除理论的研究日趋深入,并取得了一些成果[36-37]。

我国已经爆破拆除数百例超过 100 m 高的钢筋混凝土烟囱。在这些烟囱的拆除工程中,爆破技术人员通过工程实践的不断总结和探索,以及对重要爆破参数的设计理论依据和选用方法的研究,推动了高耸构筑物爆破倾倒机理及理论研究的不断进步。中钢集团武汉安全环保研究院通过其独特的设计施工体系先后成功完成了武汉钢铁公司 4 座 100 m 烟囱一次性爆破、武汉钢铁公司 120 m 烟囱爆破拆除、大唐桂冠合山发电厂 120 m 烟囱爆破拆除、山东济宁高新开发区 180 m 烟囱爆破拆除、汉江集团铝业公司 100 m 烟囱爆破拆除、万州索特盐化 100 m 烟囱爆破拆除、淄博焦化厂 3 座 100 m 烟囱爆破拆除、皖能铜陵电厂 180 m 烟囱爆破拆除、皖能合肥电厂 150 m 烟囱爆破拆除、石嘴山电厂 2 座 120 m 烟囱爆破拆除、南昌发电厂 210 m 烟囱爆破拆除等工程项目。表 1-1 为近年来国内爆破拆除的高度在 100 m 以上的钢筋混凝土烟囱。

表 1-1　近年来国内爆破拆除的高度在 100 m 以上的钢筋混凝土烟囱统计表

序号	名称	年份	高度/m	倾倒方式	实施单位	备注
1	茂名石化电厂	1995	120	定向	宏大爆破公司	2 座
2	武汉钢铁公司	1998	100	定向	中钢集团武汉安全环保研究院	4 座
3	广州恒运电厂	1998	120	定向	宏大爆破公司	1 座
4	十里泉电厂	2000	180	人工拆除	西北电力爆破公司	1 座
5	宣威电厂	2001	120	定向	云南天宇爆破公司	1 座
6	广西会山电厂	2001	120	定向	中国铁道科学研究院	1 座
7	鞍钢二电厂	2001	120	定向	鞍钢建设公司	1 座
8	天津大港油田	2002	120	定向	中国铁道科学研究院	1 座
9	山东新汶电厂	2002	120	定向	宏大爆破公司	1 座
10	攀枝花电厂	2003	100	定向	川投爆破公司	1 座
11	浙江镇海电厂	2003	150	双向折叠	宏大爆破公司	1 座
12	武汉钢铁公司	2007	120	定向	中钢集团武汉安全环保研究院	1 座
13	大唐桂冠合山发电厂	2007	120	定向	中钢集团武汉安全环保研究院	1 座
14	贵州华电清镇发电厂	2007	120	定向	广东中人集团	1 座
15	华电黄石电厂	2007	150	定向	武汉爆破公司	1 座
16	华能成都电厂	2007	210	定向	上海爆破技术工程联合公司	1 座
17	南京热电厂	2008	180	定向	解放军理工大学	1 座
18	华能成都电厂	2008	210	定向	上海爆破技术工程联合公司	1 座
19	华电淄博热电有限公司	2008	210	分次拆除	淄博四海爆破工程有限公司	1 座
20	徐州发电厂	2008	210	定向	解放军理工大学	1 座
21	武汉青山热电厂	2009	100	定向	武汉爆破公司	1 座
22	山东济宁高新开发区	2009	180	定向	中钢集团武汉安全环保研究院	1 座
23	汉江集团铝业公司	2010	100	定向	中钢集团武汉安全环保研究院	1 座

序号	名称	年份	高度/m	倾倒方式	实施单位	备注
24	万州索特盐化	2010	100	定向	中钢集团武汉安全环保研究院	1 座
25	华能聊城热电	2010	150	定向	解放军理工大学	2 座
26	华银发电厂	2010	180	分段拆除	河南迅达	1 座
27	马鞍山发电厂	2010	150	定向	上海同济爆破公司	1 座
28	淄博焦化厂	2010	100	定向	中钢集团武汉安全环保研究院	3 座
29	连云港新海电厂	2011	210	定向	解放军理工大学	1 座
30	山西太原第一热电厂	2011	210	定向	北京中科力爆炸技术工程有限公司	1 座
31	成都嘉陵电厂	2011	210	定向	四川宏达爆破工程有限公司	1 座
32	皖能铜陵电厂	2011	180	定向	中钢集团武汉安全环保研究院	1 座
33	皖能合肥电厂	2011	150	定向	中钢集团武汉安全环保研究院	1 座
34	南昌发电厂	2012	210	定向	中钢集团武汉安全环保研究院	1 座
35	石嘴山电厂	2012	150	定向	中钢集团武汉安全环保研究院	3 座
36	广西合山电厂	2013	180	定向	中钢集团武汉安全环保研究院	1 座
37	荆门电厂	2014	210	定向	中钢集团武汉安全环保研究院	1 座
38	台州电厂	2014	210	定向	中钢集团武汉安全环保研究院	1 座
39	景德镇电厂	2017	180	定向	中钢集团武汉安全环保研究院	1 座

尽管爆破工程技术人员经过长期的理论分析和爆破实践,总结了一些高耸构筑物爆破拆除的基本原理,但相对于蓬勃发展的高耸构筑物爆破拆除工程而言,当前高耸构筑物爆破拆除的理论研究工作是远远不够的,还没有一个精确而统一的理论。目前国内对高耸构筑物的控制爆破拆除设计主要依赖于实际经验、一些定性的分析与经验和半经验公式,这些经验和半经验公式都是根据若干次爆破试验和实践总结出来的。烟囱倾倒方向偏差过大,甚至出现反方向倒塌,砸坏周围建、构筑物的事故也时有发生[38-40]。例如,2001 年 6 月 25 日,在爆破拆除宝钢集团二钢公司废弃烟囱时出现偏差,倒地的烟囱偏差了至少 3 m,并砸向紧邻的钢丝仓库,并砸坏四根输气输油管道;仓库临烟囱的那面墙上也砸出一个大洞,部分车间停产,一人受轻伤。2001 年某电厂 120 m 高烟囱的爆破拆除中,当烟囱触地时,反弹起的碎石呼啸砸向离爆破地点约 200 m 的贵宾席,造成多人受伤。2011 年某电厂 210 m 高烟囱起爆飞石溅射附近小区,造成近百家的住户玻璃震碎。

对于烟囱、高塔等高耸构筑物拆除爆破的失稳断裂分析研究国内已经做了大量工作,强度破坏准则是最早的结构倒塌判断准则,认为结构的最大内力或应力达到允许值时就会破坏。由于没有考虑结构的塑性变形的强度准则,所以只对脆性材料适用,反映筒体结构从弹性状态进入塑性状态这一过程。筒体的断裂会直接影响倒塌的方向和范围,因此爆破产生的安全问题尤为突出[41-42]。

随后出现的变形准则是结构极限变形达到或超过结构的极限变形能力时,结构产生破坏,变形准则没能考虑应力循环反复作用的影响。

20 世纪 60 年代出现了结构的积累变形能超过它的耗散能时,结构发生破坏的能量破坏准则。能量准则公式在钢结构中的应用较为成功,由于钢筋混凝土材料能量关系的确定和计算都十分困难,能量准则公式在钢筋混凝土结构中的应用受到了限制。

韩秋善、叶序双等采用运动学原理和动力学原理,利用计算机对钢筋混凝土烟囱拆除爆破过程进行了数值模拟研究,并现场测试分析烟囱拆除爆破过程,提出了余留支撑体受力情况的分析计算。

为了使高耸构筑物拆除爆破朝更科学、安全、可控、准确的方向发展,利用有限元法进行高耸构筑物结构动力学分析计算已经得到广泛的应用,相应开发可进行以线性、非线性结构静力分析和谐波响应、瞬态动力响应、谱、随机振动等分析为主的结构动力分析的大型有限元分析软件 ANSYS,为爆破工程技术人员广泛使用。高耸构筑物拆除爆破将现代先进的技术手段应用于研究中,减少了对经验的依赖。杨军等采用不连续变形分析法(DDA 法)进行了钢筋混凝土的爆破拆除和倒塌过程的数值模拟。

武汉大学孙金山和卢文波对钢筋混凝土烟囱拆除爆破双向折叠定向倾倒方案关键技术进行了研究。通过钢筋混凝土烟囱双向折叠倾倒过程的动力学模拟,并结合运动过程中上切口支撑筒壁破坏历程的分析,对双向折叠倾倒方案中的上切口位置和上下切口起爆时差的选取等关键问题进行了探讨[43]。

中国铁道科学研究院刘世波在百米以上钢筋混凝土烟囱拆除爆破研究中,通过有限元法分析了高大钢筋混凝土烟囱的定向倾倒过程。他通过有限元分析软件 ANSYS/LS-DYNA 分析了三种不同切口形式的烟囱倒塌过程,采用整体式有限元模型,对烟囱支撑部位在自重作用下的破坏作用过程进行了非线性有限元分析,结合工程实践观测到的结果,对钢筋混凝土烟囱的定向倾倒过程进行了研究,探讨了烟囱下坐的原因及对定向倾倒准确性的影响,同时对影响定向倾倒准确性的因素进行了分析,运用材料力学理论,初步研究了烟囱爆破切口角的选取,提出了一种能够有效控制倾倒方向偏差的爆破切口形式[1]。

武汉理工大学的叶海旺基于 LS-DYNA 的钢筋混凝土烟囱爆破拆除进行了模拟研究[44]。为确保复杂环境下钢筋混凝土烟囱安全地拆除,爆破拆除前先采用有限元软件 LS-DYNA 来模拟钢筋混凝土烟囱的爆破拆除倒塌过程。对钢筋混凝土烟囱单向倒塌过程中倒塌倾角与历时的变化关系,倒塌触地长度随时间的变化情况,倒塌过程中的支撑部位的压力变化以及筒体倒塌触地振动等进行模拟。通过模拟分析,可以帮助爆破工程技术人员指导实际爆破设计和施工。

西安科技学院的罗艾民对高耸筒式构筑物控制爆破拆除进行了研究[45],建立了高耸筒式构筑物控制爆破拆除的理论计算模型,并应用该模型编制了爆破切口参数设计的计算机辅助设计(CAD)系统,其能对砖烟囱和钢筋混凝土烟囱的控爆拆除切口参数进行设计,为工程设计带来了极大的方便;初步探讨了建、构筑物触地冲击力、冲击地压的理论计算方法,以及地表浅埋结构受塌落振动的动力响应问题。

重庆大学的言志信博士对筒形结构爆破拆除进行了分析,认为实际爆破切口角越大,对控制筒体倾倒方向越不利,配筋越少越细就越容易倾倒。

桂林空军学院的贺五一及解放军理工大学工程兵工程学院的谭雪刚进行了复杂结构

高耸建筑物爆破拆除切口的研究[46]。针对壁体材料多样、结构复杂的高耸建筑物的爆破拆除，通过实验研究确定了爆破切口形式，运用力学理论推导了余留支撑体所对应的圆心角和爆破切口高度计算公式，并在工程实践中得到验证。

近年来，高耸结构触地振动方面研究成果并不多见[47-48]。工程实践中触地振动的计算还沿用落锤经验公式的方法，将高大钢筋混凝土烟囱塌落触地振动简化为烟囱重心以自由落体撞击地面而引起的振动，应用此方法得出的烟囱塌落振动速度是以圆形规律分布的。但是，高大钢筋混凝土烟囱倾倒触地区域是矩形区域，采用经验公式计算的方法不能真实地反映出高大烟囱塌落振动速度的分布规律已被实践证明[49-50]。

中钢集团武汉安全环保研究院陈德志等针对冷却塔底部直径大、可倾倒范围小的环境特点，采用预先开凿加大高度的导向窗和减荷槽、抬高爆破切口等新技术，可实现冷却塔倒塌过程中充分解体，爆堆的长度和高度小，触地振动小。通过把爆破切口提高到＋17.0 m 标高处，实现 150 m 高烟囱在只有 156 m 可倾倒长度范围内定向倒塌。

闫统钊、张智宇、黄永辉等成功爆破拆除一座 55 m 高的砖结构烟囱。根据周围环境、烟囱高度及其结构特点，选取了合适的爆破倾倒方向和合理的爆破参数，采用了倒梯形爆破切口，并通过对烟囱倾倒需满足的条件进行计算，确定其满足条件的爆破圆心角范围；设计了小角度爆破切口，其对应圆心角为 185°，并且在爆破前进行预处理，起爆后，烟囱按照设计方向顺利倾倒，取得了较好的爆破效果。振动监测结果均在安全允许范围内，验证了砖烟囱小角度切口爆破拆除的可行性，可为类似工程提供参考（55 m 砖烟囱小角度切口爆破拆除）。

徐鹏飞等介绍了苛刻条件下 180 m 高钢筋混凝土烟囱不能采用整体定向爆破和双向折叠爆破，仅能采用两段单向控制爆破拆除。为了避开烟囱烟道口的不利影响，解决倒塌空间受限问题，通过在烟囱＋90 m 和＋21 m 高度处布设高位切口。上下切口分别采用倒梯形和正梯形切口设计，定向窗角度分别为 30.96° 和 29.74°，上、下切口圆心角分别为 205.4° 和 207.50°，切口高度分别为 2.5 m 和 3.6 m。钢筋混凝土烟囱分两次、分两段爆破，确保了烟囱按照设计方向倒塌并有效控制了烟囱后坐。通过开挖减振沟、在倒塌区域铺设缓冲垫层和采取相应防飞石措施，有效控制了烟囱倒塌触地振动和飞石飞散距离。两次爆破均取得了良好的爆破效果，达到了安全、精细爆破拆除的目的，可为今后复杂环境下高耸烟囱爆破工程提供参考（180 m 钢筋混凝土烟囱两段单向控制爆破拆除）。

李本伟等介绍了在复杂环境中，采用控制爆破技术拆除 180 m 钢筋混凝土烟囱的工程实例。针对烟囱尺寸大、钢筋密、混凝土强度高的结构特点，预先开凿大尺寸导向窗，减小了爆破面积。特别针对烟囱高度特别高，自重大的特点，针对性地进行防护土堤的设计。通过多角度观察，确认防护土堤有效地控制了爆破次生灾害的产生。

司君婷等通过一座 210 m 高钢筋混凝土烟囱控制爆破拆除工程，介绍了烟囱高位缺口爆破的参数设计和安全措施。受倒塌场地条件的限制，设计利用 100 m 高度位置的检修平台作为高位爆破缺口进行分段分次爆破拆除；由于爆破缺口位置较高，设计采用了利于准确定向的倒梯形缺口，并对缺口参数和爆破参数进行了优化选取；为了保证缺口 1:2

爆破和整体倒塌效果，对内衬和背部钢筋等进行了预处理施工；同时针对高缺口爆破飞石较远、上段倒塌触地震动较大等爆破危害采取了覆盖防护、控减震沟和铺缓冲层等有效防护措施。爆破倒塌过程对下段烟囱形成了撕裂破坏，但整体爆破效果良好（210 m 钢筋混凝土烟囱高位缺口控制爆破拆除实践）。

朱宽等以某特大钢筋混凝土烟囱定向爆破工程为研究对象，采用高速摄影、应力应变测量两种测量手段，对烟囱爆破倒塌过程进行实验研究，获取倾倒过程中的各种运动参量。数据对比分析结果发现烟囱倾倒过程分为爆破切口形成、整体下坐、定轴转动、局部折断、冲击撞地五个阶段。

李科斌等运用预先危险性分析法（PHA）对高耸烟囱拆除爆破安全评价的内容和方法进行了探讨，依照 PHA 理论，结合高耸烟囱拆除爆破的特点，对此类爆破工程中的危险源通过划分评价单元和确定相应的危险等级进行了辨识分析，最终建立了高耸烟囱拆除爆破作业单元危险性评价表，为制订爆破次生灾害预防措施和现场施工管理决策提供了科学依据，对保证爆破工程的施工安全、降低爆破事故发生概率和危害程度具有参考意义。

周浩仓等通过具体工程实例详细论述了利用爆破法开定向窗拆除不对称烟道烟囱的控制爆破方法、爆破参数设计、微差时间选择、爆破振动控制和飞石防护等技术，以给类似烟囱爆破拆除工程提供借鉴经验。

谭志敏等针对待拆除的 65 m 高烟囱的基本情况和复杂的周围环境，充分考虑场地宽度不够等实际情况，采用双切口分段折叠定向爆破的方法对烟囱进行拆除。在设计中，进行了双爆破切口位置的爆高计算和校核，选择了上、下两个切口的孔网参数、单耗和总药量等爆破参数，进行了爆破振动安全的验算，确定了有效的安全防护措施，实现了烟囱的安全、定向拆除，达到了预期的效果。

袁绍国等介绍了分段控制爆破技术在实际工程中的具体应用。通过在烟囱 100 m 处和底部开设倒梯形爆破切口、梅花形布孔，确保烟囱倒塌方向；爆破采用毫秒延时起爆、在烟囱倒塌方向开挖减震沟、烟囱触地地面铺设松软黄土缓冲层、倒塌方向三面搭设防护屏障等措施有效地控制了爆破振动和飞石危害，达到了比较理想的效果。

贺五一等结合新余钢铁有限公司焦化厂粗苯塔的拆除工程，经试验采用聚能装药爆破，可以对高耸金属筒形构筑物较薄的金属筒壁切割成矩形和六边形爆破切口。对薄壁金属筒余留支撑部位所对应的圆心角和爆破切口高度进行系统的研究，并给出了关系式，为以后金属筒形构筑物拆除提供理论依据。

孙飞等以一座 120 m 高钢结构烟囱爆破拆除工程为研究背景，为获得该工程中所用线型聚能切割器较优的结构参数组合，采用正交优化设计的方法，研究了线型聚能切割器罩顶角 2α、母线长 d m、罩壁厚 δ 和炸高 H 四个主要因素对聚能射流的影响，选取 L27(313)正交优化表，以射流侵彻钢板最大深度 Yi 作为评判指标，利用 LS-DYNA 有限元分析软件进行数值计算，得到 4 个因素对评判指标 Yi 影响的主次顺序，获得了最佳的结构参数组合：罩顶角 2α 取 90°、母线长 d m 取 25 mm、罩壁厚 δ 取 1.0 mm、炸高 H 取 10 mm。将优化后的线型聚能切割器应用于实际工程中，效果良好，符合工程要求。

1.2.2　国外研究现状

理论研究方面,国外研究主要集中在高层建筑物的爆破拆除方面,虽然高层建筑物在结构上与高大钢筋混凝土烟囱存有本质差别,但也可对高大钢筋混凝土烟囱爆破拆除研究提供借鉴[51-72]。

日本在拆除爆破理论研究方面做了大量工作。日本工业火药协会用高速摄影机研究爆破拆除时飞石的飞行轨迹和防护材料的变化特征,提出了拆除爆破的倒塌过程的离散单元模型模拟,并把数值模拟和图像运用计算机显示,以掌握建筑物的倒塌堆积和破坏状况,并对保护性拆除爆破进行了研究。Tosaka 等应用变刚度技术和直接刚度法模拟不同倒塌形式的建筑物的倒塌动态行为。

德国 Melzer 博士在汉堡高层建筑物的拆除爆破中研究了建筑物倒塌触地后振动的传播和对周围建筑物的影响问题及如何保证预处理后的建筑物在爆破前不会因偶然因素而丧失稳定性的问题。德国鲁尔大学的 Stangenberg 进行了钢筋混凝土烟囱的爆破拆除试验和数值计算的研究。

2007 年 Bazant 和 Verdure 进行了渐进式坍塌的力学过程的研究[37]。以世贸大厦坍塌为例讲述高层建筑物渐进式坍塌破坏的过程,提出动态的一维连续模型,采用能量法进行分析,利用反演计算确定渐进式坍塌破坏的相关参数,提出通过高速摄像记录精确拆除中的模式。

2009 年 Song 和 Sezen 进行了钢结构建筑物的渐进式坍塌评估的研究。就现存的建筑物进行了渐进式坍塌特性研究。现场试验与分析研究获得了一般结构的现存建筑物的坍塌响应信息。商用程序 SAP2000 用来建立模型与分析,本书给出了弹性状态与非线性动态分析结果,同时也对其隐式方程进行了讨论。

随着爆破器材、施工技术、爆破机理等方面的研究进步和突破,在工程方面从 20 世纪 60～70 年代起,瑞典、法国、捷克、匈牙利、美国等也都用爆破方法拆除了大量的各类框架结构大楼、烟囱、水塔等高耸构筑物。1975 年,巴西圣保罗市一座 32 层的钢筋混凝土结构大楼被美国爆破公司成功爆破;1978～1988 年联邦德国爆破拆除了几百座桥梁;1981年,英国公司在南非爆破拆除了高 270 m 的烟囱。1979～1993 年英国爆破拆除了 30 余座 12～25 层的高大建筑物。

在工程中也有一些失败的例子,例如,1981 年在南非采用"原地坍塌"方式爆破拆除一座高大烟囱时,烟囱未坍毁部分突然倾斜倒塌,砸毁了邻近某发电厂厂房及设备,损失数百万美元。2010 年 11 月,美国在爆破拆迁一座烟囱时发生意外,85 m 高的烟囱在爆破后,没有按照预定向东倒下,而是倒向了东南方向,不仅压垮了附近的一个建筑,还砸断了2 根高压线,造成民众恐慌,4 000 户居民断电。

国外研究主要集中在高层建筑物爆破拆除方面,对高大钢筋混凝土烟囱爆破拆除的研究并不深入。但是近年来,西方对环保要求越来越严格,爆破拆除受到了限制。

第 2 章　高耸构筑物爆破拆除破坏机理研究

2.1　引　　言

高耸结构的爆破拆除过程是一个复杂的力学过程,出于对爆破安全的更高要求,需要对爆破切口各参数和倒塌过程的动力学分析做细致透彻的研究。然而其力学模型的建立需要多学科的交叉,对于钢筋混凝土构件塑性阶段的破坏机理、介质的变形、风荷载的影响和压杆稳定性诸多问题的研究还不够深入,系统准确的理论体系还未能建立起来。

对于高耸构筑物控制爆破拆除,目前高耸构筑物爆破拆除设计以经验公式和半经验公式为基础,以爆破工程技术人员的经验进行技术设计。实际工程中烟囱倾倒方向偏差过大,甚至出现反方向倒塌,砸坏周围建、构筑物的事故也时有发生。加强高耸构筑物控制爆破拆除的理论研究则是当务之急。本书将对高耸构筑物爆破拆除倒塌过程进行深入的力学分析,建立相关的失稳及破坏模型,得出高耸构筑物爆破倒塌的力学条件,提出爆破失稳倒塌综合判据和爆破切口高度的综合判据。

实际爆破工程中,高耸筒形构筑物往往只考虑了顺风向的平均风荷载和脉动风荷载,没有顾及横风向的风振响应,而《烟囱设计规范》也没有相关规定。当烟囱出现横风向漩涡脱落共振响应时,横向风振和临界风速下顺风向响应的共同作用可能对高耸筒形构筑物起控制作用,对定向爆破倾倒角度有影响。本书将建立风荷载作用下筒形高耸构筑物定向倾倒的力学模型,对定向爆破切口进行受力分析,着重研究漩涡脱落的横风向风振作用对倾倒力学条件的改变及对倾倒方向的影响。

爆破荷载作用的瞬间,会对高耸构筑物有冲击作用,当冲击荷载引起的动力响应较大时,会对高耸构筑物的定向爆破产生影响,严重时将影响偏转角度。本章将针对爆破荷载对高耸构筑物的瞬态和稳态动力响应,以及不同尺寸导向窗的烟囱爆破拆除机理进行研究。

2.2　烟囱倒塌过程力学分析

2.2.1　烟囱简化模型

烟囱是高耸构筑物的代表,其特点是重心高而支撑面积小,壁厚随着高度的变化而变薄,大多数烟囱都是下粗上细的结构,且其纵横比相当大,故将其抽象为质量分布均匀且其壁厚从底部到顶部按照线性连续变化的刚性烟囱。对于钢筋混凝土结构,为了简化计算,假设没有折断、前冲和后坐的现象。现在烟囱定向爆破拆除时,对其参数的计算主要是依据爆破切口以上部分的质量、体积、高度等,因此烟囱简化模型如图 2-1 所示[7-8],假设爆破切口处的内外半径(梯形切口取切口底部半径)分别为 r_1、R_1,顶部的内外半径分

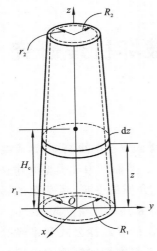

图 2-1　烟囱简化模型

别为 r_2、R_2，切口以上烟囱高为 H，开切口到底部距离为 h，在高度为 z 处的内外半径分别为 r_z、R_z。忽略隔热层、耐火砖以及配筋不同的影响，烟囱质量为 M 且均匀分布，质量体密度为 ρ，则 z 处的内外半径为

$$r_z = r_1 - \frac{r_1 - r_2}{H}z \quad \text{和} \quad R_z = R_1 - \frac{R_1 - R_2}{H}z \qquad (2\text{-}1)$$

烟囱体积和质量的计算（取切口以上部分的体积和质量）

$$
\begin{aligned}
V &= \int S(z)\,\mathrm{d}z \\
&= \int_0^H \left[\left(R_1 - \frac{R_1 - R_2}{H}z \right)^2 - \left(r_1 - \frac{r_1 - r_2}{H}z \right)^2 \right] \mathrm{d}z \\
&= \frac{1}{3}\pi H \left[R_1^2 - r_1^2 + R_1 R_2 - r_1 r_2 + (R_2^2 - r_2^2) \right] \qquad (2\text{-}2)
\end{aligned}
$$

$$M = \rho V$$

烟囱重心的计算（取切口以上部分的高度）

$$H_c = \frac{H\left[(R_1^2 - R_2^2) + 2(R_1 r_1 - R_2 r_2) + 3(r_1^2 - r_2^2) \right]}{4\left[(R_1^2 - R_2^2) + (R_1 r_1 - R_2 r_2) + (r_1^2 - r_2^2) \right]} \qquad (2\text{-}3)$$

2.2.2　烟囱绕爆破切口直径转动惯量

　　高耸烟囱定向爆破拆除时其倾倒过程是一个较为复杂的动力学问题，控制其定向倾倒技术难度比较大，在爆破前需要对烟囱进行精心的计算与设计。目前和实际情况吻合较好的是连续变截面筒体定轴转动模型。其中对爆破切口上部转动惯量的精确计算就显得尤为重要。转动惯量是衡量刚体转动时惯性的量度，不但建立烟囱倾倒的动力学微分方程要用到，而且计算烟囱倾倒力矩等问题也要用到。因此对烟囱转动惯量的研究可以为烟囱倒塌过程的力学分析提供参考，有较大的工程实际应用价值[9,18,34]。

　　取切口以上部分的体积，如图 2-1 和图 2-2 所示。根据平行移轴公式，垂直于 z 轴且厚度为 $\mathrm{d}z$ 的薄圆环对自身平面内的 x_1 轴转动惯量为

$$\mathrm{d}I_{x1} = \mathrm{d}I_{y1} = \frac{1}{2}\mathrm{d}I_{oz} = \frac{1}{4}\mathrm{d}m(R_z^2 - r_z^2) \qquad (2\text{-}4)$$

　　因此根据平行移轴公式，薄圆环对切截面 x 轴的转动惯量为

$$\mathrm{d}I_x = \rho\pi \left[\frac{1}{4}(R_z^2 - r_z^2)^2 + (R_z^2 - r_z^2)z^2 \right]\mathrm{d}z \qquad (2\text{-}5)$$

则上式的结果如下，对上式从 0 到 H 积分可得烟囱绕 x 轴的转动惯量：

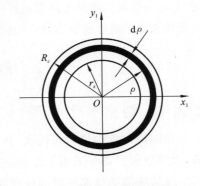

图 2-2　薄圆环的转动惯量

$$J_x = \frac{1}{4}\rho\pi \int_0^H \left\{ \left[(R_1 - \mu_1 z)^2 - (r_1 - \mu_2 z)^2 \right]^2 + 4\left[(R_1 - \mu_1 z)^2 - (r_1 - \mu_2 z)^2 \right]z^2 \right\} \qquad (2\text{-}6)$$

其中

$$\mu_1 = \frac{R_1 - R_2}{H}, \quad \mu_2 = \frac{r_1 - r_2}{H}$$

烟囱绕爆破切口中性轴的转动惯量为

$$J = J_x + m\delta^2 \tag{2-7}$$

式中: δ 为中性轴到 x 轴的距离。

2.2.3　烟囱倾倒过程的动力学方程

烟囱倾倒过程通常可分为三个阶段。第一阶段为切口形成阶段, 为爆炸瞬间, 此时必须确保烟囱支撑部分既能被拉倒, 又不被压垮, 要求爆破切口圆心角的大小合理。第二阶段为切口闭合阶段, 烟囱在炸药爆炸形成切口后, 在重力和支座反力的共同作用下绕支点转动。关键参数是最小爆破切口高度, 切口形状不同, 切口闭合方式也不同。第三阶段为倾倒阶段, 为切口闭合后, 烟囱绕新支点继续作定轴转动, 直至烟囱倾倒触地[8]。切口形状对倾倒阶段有影响。先做倾倒过程上部无折断假设, 在研究其倾倒过程中不妨将切口上部假定为刚体。因此烟囱的倾倒过程可以看作刚体绕固定铰支座的定轴转动, 同时忽略了切口截面残余抵抗力、风荷载等因素的影响, 仅将空气阻力的影响考虑进来。对于梯形切口, 计算烟囱倾倒过程中的力学模型及受力分析[10,31], 如图 2-3 和图 2-4 所示。

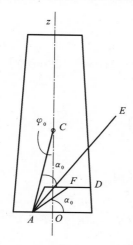

图 2-3　梯形切口闭合示意图

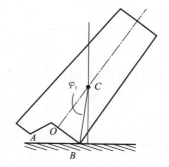

图 2-4　切口闭合后运动示意图

2.2.3.1　切口闭合阶段

烟囱可以看成圆台体模型, 烟囱倾倒时可以视为绕着 A-A 轴为定轴在重力作用下转动。设初始倾角为 φ_0, α_0 为切口闭合角, 烟囱瞬时倾角为 φ ($\varphi_0 \leqslant \varphi \leqslant \varphi_0 + \alpha_0$)。烟囱在倾倒过程中受到空气阻力 F_w, $F_w = 0.7\gamma \cdot v_r^2/2$, 式中, v_r 为距支点距离为 r 处的烟囱倾倒速度, γ 为空气密度。根据质心运动定理和刚体定轴转动微分方程有[16]

$$m\frac{\mathrm{d}v_c}{\mathrm{d}t} = mg\sin\varphi - R_A - \int_0^H \frac{0.7\gamma \cdot v_r^2}{2}(R_1 - \mu_1 z)\mathrm{d}z$$

$$m \frac{v_c^2}{\rho_c} = mg \cos\varphi - N_A \qquad (2\text{-}8)$$

$$J_A \frac{\mathrm{d}^2\varphi}{\mathrm{d}t^2} = mg \cdot \rho_c \sin\varphi - \int_0^H \frac{0.7\gamma \cdot v_r^2}{2}(R_1 - \mu_1 z)z\mathrm{d}z$$

式中：J_A 为烟囱绕 A 点的转动惯量；N_A 为支座径向约束反力；R_A 为支座切向约束反力。烟囱的质心运动速度 $v_c = \rho_c \cdot \mathrm{d}\varphi/\mathrm{d}t$，简化式(2-8)可得

$$\frac{\mathrm{d}^2\varphi}{\mathrm{d}t^2} + \xi\left(\frac{\mathrm{d}\varphi}{\mathrm{d}t}\right)^2 - \omega_0^2 \sin\varphi = 0 \qquad (2\text{-}9)$$

其中

$$\omega_0^2 = mg \cdot \rho_c/J_A, \quad \xi = \frac{0.7\gamma(R_1 + 4R_2)H^4}{20J_A}$$

由式(2-9)可以推导出的一阶常微分方程及初始条件为

$$\frac{\mathrm{d}}{\mathrm{d}\varphi}\left(\frac{\mathrm{d}\varphi}{\mathrm{d}t}\right)^2 + 2\xi\left(\frac{\mathrm{d}\varphi}{\mathrm{d}t}\right)^2 - \omega_0^2 \sin\varphi = 0 \qquad (2\text{-}10)$$

式(2-10)代入初始条件 $\varphi = \varphi_0$，$\left(\dfrac{\mathrm{d}\varphi}{\mathrm{d}t}\right)^2 = 0$ 得

$$\left(\frac{\mathrm{d}\varphi}{\mathrm{d}t}\right)^2 = \frac{\omega_0^2}{\xi}F(\varphi)$$

其中

$$F(\varphi) = \frac{2\xi}{1 + 4\xi^2}\left[\mathrm{e}^{-2\xi(\varphi - \varphi_0)}(\cos\varphi_0 - 2\xi\sin\varphi_0) - (\cos\varphi - 2\xi\sin\varphi)\right]$$

解得

$$\frac{\mathrm{d}^2\varphi}{\mathrm{d}t^2} = \omega_0^2[\sin\varphi - F(\varphi)] \qquad (2\text{-}11)$$

将式(2-11)代入式(2-8)则有

$$N_A = mg \cos\varphi - m\rho_c \omega_0^2 \frac{F(\varphi)}{\xi}$$

$$R_A = mg \sin\varphi - m\rho_c \omega_0^2[\sin\varphi - F(\varphi)] - \frac{0.7}{12}\gamma H^3(R_1 + 3R_2) \cdot F(\varphi)\frac{\omega_0^2}{\xi} \qquad (2\text{-}12)$$

2.2.3.2　倾倒阶段

切口闭合后，烟囱绕新支点爆破切口下边缘的 B 点继续作定轴转动，见图 2-4。在这一阶段，初始倾角为 $\alpha_0 - \varphi_1$，φ_1 为 CO 与 CB 的夹角，瞬时倾角为 φ（$\alpha_0 - \varphi_1 \leqslant \varphi \leqslant \pi/2$）。烟囱的倾倒运动方程为

$$m\frac{\mathrm{d}v_c}{\mathrm{d}t} = mg \sin\varphi - R_B - \int_0^H \frac{0.7\gamma \cdot v_r^2}{2}(R_1 - \mu_1 z)\mathrm{d}z$$

$$m\frac{v_c^2}{\rho_c} = mg \cos\varphi - N_B \qquad (2\text{-}13)$$

$$J_B \frac{\mathrm{d}^2\varphi}{\mathrm{d}t^2} = mg \cdot \rho_c \sin\varphi - \int_0^H \frac{0.7\gamma \cdot v_r^2}{2}(R_1 - \mu_1 z)z\mathrm{d}z$$

式中：J_B 为烟囱绕 B 轴的转动惯量；N_B 为支座径向约束反力；R_B 为支座切向约束反力。在这一阶段根据类似的推导，可以得到烟囱倾倒的支座反力为[9]

$$N_B = mg\cos\varphi - m\rho_c\omega_1^2 \frac{F(\varphi)}{\xi}$$

$$R_B = mg\sin\varphi - m\rho_c\omega_1^2[\sin\varphi - F(\varphi)] - \frac{0.7}{12}\gamma \cdot H^3(R_1 + 3R_2) \cdot F(\varphi)\frac{\omega_1^2}{\xi} \qquad (2\text{-}14)$$

其中

$$\omega_1^2 = mg \cdot \rho_c / J_B, \quad \xi = \frac{0.7\gamma(R_1 + 4R_2)H^4}{20J_B}$$

$$F(\varphi) = \frac{2\xi}{1 + 4\xi^2}\left\{ e^{-2\xi(\varphi - \varphi_0 + \varphi_1)}[\cos(\varphi_0 - \varphi_1) - 2\xi\sin(\varphi_0 - \varphi_1)] - (\cos\varphi - 2\xi\sin\varphi)\right\}$$

若忽略空气阻力并考虑到初始条件 $\varphi(0) = \alpha_0 - \varphi_1$，则切口闭合瞬间的角速度为

$$\varphi'(0) = \sqrt{2}\omega_0\sqrt{\cos\varphi_0 - \cos(\alpha_0 - \varphi_1)} = \omega_B$$

烟囱切口闭合后质心倾倒速度[34]：

$$v_c = \rho_c\frac{\mathrm{d}\varphi}{\mathrm{d}t} = \rho_c\sqrt{2\omega_B^2[\cos(\alpha_0 - \varphi_1) - \cos\varphi] + \omega_B^2} \qquad (2\text{-}15)$$

烟囱切口闭合后的支座反力简化为

$$N_B = m\left(g\cos\varphi - \frac{v_c^2}{J_B}\right)R_B = mg\sin\varphi\left(1 - \frac{m\rho_c^2}{J_B}\right) \qquad (2\text{-}16)$$

2.2.3.3　烟囱倾倒过程中前冲的判断

当轴向力为零时，在倾倒过程中烟囱开始前冲。为了简化计算，将空气阻力也忽略，则对于梯形爆破切口，当轴向力为零时[32]

$$N_B = m\left(g\cos\varphi - \frac{v_c^2}{J_B}\right) = 0 \Rightarrow \cos\varphi = \frac{2\rho_c^2 m\cos(\alpha_0 - \varphi_1) + \frac{\omega_B^2}{g}J_B}{J_B + 2\rho_c^2 m} \qquad (2\text{-}17)$$

烟囱开始前冲的角度为

$$\varphi = \arccos\frac{2\rho_c^2 m\cos(\alpha_0 - \varphi_1) + \frac{\omega_B^2}{g}J_B}{J_B + 2\rho_c^2 m} \qquad (2\text{-}18)$$

令烟囱开始前冲时的角度为 θ_0（起始前冲角由式(2-18)确定），则根据运动方程可得到烟囱的前冲距离为

$$s = \frac{-\tan\theta_0 + \sqrt{\tan^2\theta_0 + 4k_0 k_1}}{2k_0} + k_1\tan\theta_0 - \rho_c \qquad (2\text{-}19)$$

其中

$$k_0 = \frac{g}{2\rho_c^2\{\omega_B^2[\cos(\alpha_0 - \varphi_1) - \cos\theta_0] + \omega_B^2\}\cos^2\theta_0}$$

$$k_1 = l + \rho_c\cos\theta_0$$

2.3　爆破切口关键参数确定

2.3.1　爆破切口的切口角计算

2.3.1.1　偏心距、余留截面面积、惯性矩和重力倾覆力矩

定向倾倒方案是最常用的烟囱爆破拆除方案,在高耸烟囱的爆破拆除中最常用的爆破切口是梯形和倒梯形。爆破拆除烟囱时,由于梯形切口的底部截面处比较薄弱,首先从切口的底部截面处破坏,应着重研究切口底部截面处的参数。设爆破切口弧长 L 对应圆心角为 α,余留截面对应圆心角为 β,如图 2-5 所示[1]。

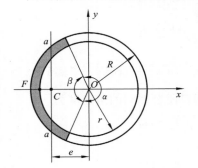

图 2-5　切口横截面示意图

1) 切口形成后,余留支撑体截面面积:

$$A = 2 \int_r^R \int_0^{\alpha/2} \rho \mathrm{d}\rho\mathrm{d}\theta = (R^2 - r^2)(\beta/2) \qquad (2\text{-}20)$$

2) 余留支撑截面的偏心矩的计算:

$$e = \frac{1}{A}\int X \mathrm{d}A = \frac{1}{A}\int_A X\,\mathrm{d}A = \frac{2}{A}\int_r^R \int \rho^2 \cos\theta \mathrm{d}\rho\mathrm{d}\theta = 4\{(R_1^3 - r_1^3)\sin(\alpha/2)/[3(R_1^2 - r_1^2)\beta]\}$$

考虑配筋用下式计算:

$$e = 2(R_1^2 + r_1^2 + R_1 r_1)\sin(\alpha/2)/[3(R_1 + r_1)(\pi - \alpha + \mu W)] \qquad (2\text{-}21)$$

式中: μ 为切口断面配筋率, $\mu = \dfrac{nd^2}{4(R^2 - r^2)}$, d 为钢筋的直径, n 为整个切口截面内烟囱钢筋的根数; W 为面积折算比,是钢筋的弹性模量和混凝土的弹性模量之比, $W = \dfrac{E_{钢筋}}{E_{混}}$。

3) 余留支撑截面对形心主轴的惯性矩[1]:

$$I = 2\int_{r_1}^{R_1} \int_0^{\beta/2} (\rho\cos\theta - e)^2 \rho\mathrm{d}\rho\mathrm{d}\theta$$

$$= \frac{1}{8}(R_1^4 - r_1^4)(\beta + \sin\beta) - \frac{8}{9}(R_1^3 - r_1^3)^2 \sin^2\left(\frac{\beta}{2}\right)/[\beta(R_1^2 - r_1^2)] \qquad (2\text{-}22)$$

式中: r 为钢筋到烟囱筒心的距离。

4) 在倾倒初始时刻,倾倒力矩等于重力 mg 与偏心距 e 的乘积:

$$M = mge = 4mg\{(R_1^3 - r_1^3)\sin(\beta/2)/[3(R_1^2 - r_1^2)\beta]\} \qquad (2\text{-}23)$$

式中: M 为倾倒力矩; m 是烟囱爆破切口以上部分的质量。

2.3.1.2　爆破切口的切口角设计需要满足的应力条件

取受拉区端点 F 的拉应力等于混凝土的抗拉强度极限值阶段进行研究,即极限平衡状态。根据材料力学理论,结构偏心受压时, F 的应力为[39,73]

$$\sigma_F = \frac{M(r_1 - e)}{I} - \frac{mg}{A} \tag{2-24}$$

式中:M 为倾倒初始时刻的倾倒力矩。F 点处 1 个壁厚材料的面积为

$$S = R_1^2 \arccos \frac{r_1}{R_1} - r_1 \sqrt{R_1^2 - r_1^2} \tag{2-25}$$

该处 1 个壁厚材料的最大抗拉能力为

$$F_{\max} = S f_{ct} + S \mu_0 f_{st} \tag{2-26}$$

式中:f_{ct} 为混凝土极限抗拉强度;f_{st} 为钢筋极限抗拉强度;μ_0 为该处的配筋率,所以

$$f_{bt} = \frac{F_{\max}}{S} = f_{ct} + \mu_0 f_{st} \tag{2-27}$$

这样极限平衡状态下,应力条件为

$$\frac{M(r_1 - e)}{I} - \frac{mg}{A} = f_{ct} + \mu_0 f_{st} \tag{2-28}$$

同时压区最大压应力应该满足

$$\frac{M\left(-r_1 \cos \dfrac{\beta}{2} + e\right)}{I} - \frac{mg}{A} \leqslant f_{bc} \tag{2-29}$$

式中:f_{bc} 近似为混凝土抗压强度。

对应力条件进行数值计算,可得到爆破切口圆心角 α 的最小值。对于素混凝土或砖材料的烟囱,要保证受拉区端点 F 的拉应力达到混凝土的抗拉强度极限值,首先在拉应力作用下烟囱支撑部位背部(F 点)破坏,随着破坏范围不断扩大,烟囱支撑部位受压部分越来越小,破坏将不可逆转,从而实现烟囱的定向转动。但对于钢筋混凝土烟囱,裂缝产生以后,钢筋将承担大部分载荷,该判据下设计的最小爆破切口圆心角 α 值,仅考虑了烟囱受拉开始破坏的最小倾覆力矩,所以应力条件并不能保证烟囱能够失稳倾覆。

2.3.1.3　爆破切口角设计的弯矩条件

混凝土开裂后,余留支撑体的剩余抵抗力矩小于倾覆力矩,即中性轴后退以后新倾覆力矩应该大于新压应力区的极限抗压力矩与新拉应力区的极限抗拉力矩的合力矩,如图 2-6 所示。假定钢筋为理想弹塑性材料,新拉力区钢筋承受的极限拉力为

$$
\begin{aligned}
F_{st} &= 2\mu_0 f_{st} \int_{\pi-\beta_n}^{\pi} \int_{r_1}^{R_1} (-r\cos\theta + e_n) r \,\mathrm{d}r\mathrm{d}\theta \\
&= \mu_0 f_{st} \left[\frac{2}{3}(R_1^3 - r_1^3)\sin\beta_n - e_n(R_1^2 - r_1^2)\beta_n \right]
\end{aligned}
\tag{2-30}
$$

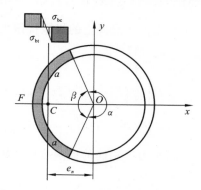

图 2-6　极限状态应力分布示意图

由于此时受拉区混凝土已经开裂但仍有极小部分混凝土承受载荷,残留部分大小是一个动态过程,

故按整个截面考虑,受拉区域混凝土的极限拉力为

$$F_{ct} = 2f_{ct} \int_{\pi-\beta_n}^{\pi} \int_{r_1}^{R_1} (-r\cos\theta + e_n)r dr d\theta$$

$$= f_{ct} \left[\frac{2}{3}(R_1^3 - r_1^3)\sin\beta_n - e_n(R_1^2 - r_1^2)\beta_n \right] \tag{2-31}$$

新压力区混凝土承受的极限压力为

$$F_{cc} = 2f_{cc} \int_{\frac{\alpha}{2}}^{\pi-\beta} \int_{r_1}^{R_1} (r\cos\theta + e_n)r dr d\theta$$

$$= f_{cc} \left[\frac{2}{3}(R_1^3 - r_1^3)\left(\sin\beta_n - \sin\frac{\alpha}{2}\right) - e_n(R_1^2 - r_1^2)\left(\pi - \beta_n - \frac{\alpha}{2}\right) \right] \tag{2-32}$$

新压力区钢筋承受的极限压力为

$$F_{sc} = 2\mu_0 f_{sc} \int_{\frac{\alpha}{2}}^{\pi-\beta} \int_{r_1}^{R_1} (r\cos\theta + e_n)r dr d\theta = \frac{f_{sc}}{f_{cc}}\mu_0 F_{cc} \tag{2-33}$$

在这一阶段的极限平衡状态下,根据静力平衡方程有

$$G + F_{ct} + F_{st} = F_{cc} + F_{sc}$$

$$Mg + (f_{ct} + \mu_0 f_{st})\left[\frac{2}{3}(R_1^3 - r_1^3)\sin\beta_n - e_n(R_1^2 - r_1^2)\beta_n \right]$$

$$= \left(1 + \frac{f_{sc}}{f_{cc}}\mu_0\right)f_{cc}\left[\frac{2}{3}(R_1^3 - r_1^3)\left(\sin\beta_n - \sin\frac{\alpha}{2}\right) - e_n(R_1^2 - r_1^2)\left(\pi - \beta_n - \frac{\alpha}{2}\right) \right] \tag{2-34}$$

再由 $e_n = \frac{R_1 + r_1}{2}\cos\beta_n$ 求得新中性轴偏心矩 e_n,其对应圆心角 β_n 的一半的解。

新拉力区钢筋的极限抗拉力矩为

$$M_{st} = 2\mu_0 f_{st} \int_{\pi-\beta_n}^{\pi} \int_{r_1}^{R_1} (-r\cos\theta + e_n)^2 r dr d\theta$$

$$= \mu_0 f_{st}\left[\frac{1}{8}(R_1^4 - r_1^4)(2\beta_n + \sin\beta_n) + \frac{4}{3}e_n(R_1^3 - r_1^3)\sin\beta_n + e_n^2(R_1^2 - r_1^2)\beta_n \right] \tag{2-35}$$

由于此时受拉区混凝土已经开裂但仍有部分混凝土承受载荷,残留部分大小是一个动态过程,故按整个截面考虑,受拉区域混凝土的极限弯矩为

$$M_{ct} = f_{ct}\left[\frac{1}{8}(R_1^4 - r_1^4)(2\beta_n + \sin2\beta_n) - \frac{4}{3}e(R_1^3 - r_1^3)\sin\beta_n + e_n^2(R_1^2 - r_1^2) \right] \tag{2-36}$$

新压力区混凝土的极限抗压力矩为

$$M_{cc} = 2f_{cc} \int_{\frac{\alpha}{2}}^{\pi-\beta} \int_{r_1}^{R_1} (r\cos\theta + e_n)^2 r dr d\theta$$

$$= f_c\left[\frac{1}{8}(R_1^4 - r_1^4)(2\pi - 2\beta_n - \alpha - \sin2\beta_n - \sin\alpha) + \frac{4}{3}e(R_1^3 - r_1^3)\left(\sin\beta_n - \sin\frac{\alpha}{2}\right) \right.$$

$$\left. + e_n^2(R_1^2 - r_1^2)\left(\pi - \beta_n - \frac{\alpha}{2}\right) \right] \tag{2-37}$$

新压力区钢筋的极限抗压力矩为[74]

$$M_{sc} = \frac{f_{cc}}{f_{sc}}\mu_0 M_{cc} \tag{2-38}$$

风力作用施加在烟囱上的反弯矩 M_w 为(按风力方向与设计倒塌方向相反的最不利情况考虑)

$$M_w = P_w \int_0^H 2(R_1 - \mu_1 z) z \, dz = \frac{1}{3} H^2 P_w (R_1 + 2R_2) \tag{2-39}$$

根据流体力学理论,作用在烟囱上的风压力为

$$P_w = 0.7 \gamma \cdot v_r^2 / 2$$

要保证烟囱倾倒,必须满足爆破切口形成后倾倒力矩大于结构的极限弯矩和风其他外载荷的不利影响[41]。所以当选用组合形切口或梯形切口时,烟囱失稳的判据为

$$M > M_w + M_{st} + M_{sc} + M_{cc} + M_{ct} + M_s \tag{2-40}$$

式中:M_s 为爆破切口内支撑钢筋的反力矩(计算见下节)。

式(2-40)充分考虑了 M_w 风荷载引起的弯矩,M_{ct} 为受拉区域混凝土的极限弯矩,M_{cc} 为受压区域混凝土的极限弯矩,M_{st} 为受拉区域钢筋的极限弯矩,M_{sc} 为受压区域钢筋的极限弯矩,M_s 为切口内钢筋所产生的支撑力矩,该判据综合考虑了各种因素的综合影响,可以保证烟囱爆破倒塌。

极限状态为

$$M = M_w + M_{st} + M_{sc} + M_{cc} + M_{ct} + M_s \tag{2-41}$$

由式(2-28)和式(2-41)即可得到满足烟囱倾倒时的切口角大小。

2.3.1.4　支撑体的强度校核

切口爆破瞬间,还存在突加载荷,切口上方的烟囱会以突加载荷的方式叠加在余留支撑面上,有可能压塌支撑部。采用能量方法可大致估算冲击时的应力。据材料力学分析:设静载荷下引起的结构的位移和应力为 Δ_{st} 和 σ_{st},冲击载荷下引起的位移和应力为 Δ_d 和 σ_d。设材料工作在线弹性范围,则根据能量守恒原理可求得

$$\Delta_d = \Delta_{st} \left(1 + \sqrt{1 + \frac{2T}{P \Delta_{st}}} \right) \tag{2-42}$$

式中:T 为冲击物下落动能;P 为冲击物重量。

设冲击物从高为 h 处自由落下,则冲击动荷系数 K_d 为

$$K_d = 1 + \sqrt{1 + \frac{2h}{\Delta_{st}}} \tag{2-43}$$

显然对突加载荷,h 为零,这样冲击动荷系数 $K_d = 2$。对于爆破支撑体余留截面,对应不同的切口圆心角 α,原由该部分承受的载荷以突然加载的形式转移到支撑体上,因此这部分的烟囱上部重力荷载为动载荷,对截面的影响应该乘以冲击动荷系数 K_d,即放大 2 倍。这样加载荷后的峰值载荷引起的截面应力为

$$\sigma_{cd} = \frac{mg}{A_0} + \frac{mg\alpha}{2\pi A_0 \cdot (2\pi - \alpha)/(2\pi)} \tag{2-44}$$

式中:A_0 为横截面面积。

与原烟囱自重引起的载荷比值为[24]

$$K_d = \frac{\sigma_{cd}}{\sigma_c} = 1 + \frac{\alpha}{2\pi} \tag{2-45}$$

要保证切口形成后烟囱不下坐还能定向倾倒,烟囱保留部分必须不被压坏。因此,必

须校核支撑部分的强度,使支撑部分的最大动载压应力 σ_{cd} 不大于混凝土的极限抗压强度 f_{cc}。当选用组合形切口或梯形切口时

$$\sigma_{cd} = K_d \times \frac{mg}{A} \leqslant f_{cc} \qquad (2\text{-}46)$$

施加突加载荷后的峰值载荷引起的受压区的应力变大,一般工程实际的爆破切口角多选在 $200° \sim 240°$,动荷冲击因数 K_d 也在 $1.556 \sim 1.667$。尤其对于高度大和重量大的钢筋混凝土烟囱,支撑部的受压区高度已接近支撑部全断面,一般当 $\alpha \geqslant 260°$ 时,σ_{cd} 已经接近 f_{cc}。由此可见,要在安全上留有余量,α 应不大于 $240°$。

2.3.2 爆破切口的高度计算

为了实现定向倾倒,钢筋混凝土烟囱的爆破切口高度应按顺序满足两个条件:① 爆破切口范围内混凝土被炸离钢筋骨架后,应能保证在烟囱的荷载作用下立筋受压失稳;② 爆破切口闭合时,烟囱的重心应偏移出新支点[4]。

2.3.2.1 爆破切口的高度需要满足的重心偏移出支点条件

在烟囱定向爆破拆除时,在爆破切口范围内混凝土被炸离瞬间,承载截面抵抗力矩必须小于烟囱自身重力倾覆力矩,爆破切口闭合时,烟囱能否继续倾倒,取决于烟囱的重心是否偏移出新支点。由于梯形切口的底部截面处比较薄弱,首先从切口的底部截面处破坏。设烟囱的重心位置为 D 点,AD 与 OD 的夹角为 φ_0,切口闭合角为 α_0,如图 2-7 所示。

切口闭合瞬间,重力对新支点的弯矩为[74]

$$M = mg\left[\sqrt{\left(-r_1^3 \sin\frac{\alpha}{2}\right)^2 + H_c^2}\, \sin(\alpha_0 + \varphi_0) - \left(-r_1 \cos\frac{\alpha}{2}\right) - R_1\right] \qquad (2\text{-}47)$$

要保证烟囱在切口闭合后继续倾倒,必须满足 $M \geqslant 0$,即

$$M = mg\left[\sqrt{\left(-r_1^3 \sin\frac{\alpha}{2}\right)^2 + H_c^2}\, \sin(\alpha_0 + \varphi_0) - \left(-r_1 \cos\frac{\alpha}{2}\right) - R_1\right] \geqslant 0 \qquad (2\text{-}48)$$

也就是

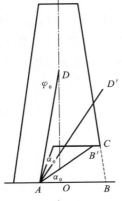

图 2-7　梯形切口示意图

$$\alpha_0 \geqslant \arcsin\frac{mg\left(R_1 - r_1\cos\dfrac{\alpha}{2}\right)}{mg\,\sqrt{\left(-r_1^3\sin\dfrac{\alpha}{2}\right)^2 + H_c^2}} - \arctan\frac{-r_1\cos\dfrac{\alpha}{2}}{H_c}$$

$$(2\text{-}49)$$

当 α_0 取最小值时,得到最小爆破切口高度 h_{min} 为

$$h_{min} = \left(R_1 - r_1\cos\frac{\alpha}{2}\right)\sin\alpha_0 \qquad (2\text{-}50)$$

2.3.2.2 爆破切口内钢筋稳定性计算

对于钢筋混凝土高耸构筑物,爆破切口处混凝土被炸掉时,竖向钢筋依然起着支撑上部的作用。如果爆破切口高度满

足不了使钢筋失稳失去承载能力的高度,则钢筋支撑力足够大时,会出现炸而不倒。高耸构筑物炸而不倒的失败案例在爆破拆除中屡见不鲜,因此,要确保高耸构筑物爆破后定向倒塌,切口处裸露钢筋的柔度应大于规定的柔度,以形成大柔度杆。钢筋的极限承载能力将大大降低,有利于烟囱顺利倒塌。

在炸药爆炸作用下切口处的钢筋产生变形,钢筋变形后产生一个附加弯矩,变形越大,弯矩越大,钢筋的承载能力就越小。由于切口上下两端对钢筋的约束无法确定,可能是铰接的,也有可能是半刚性或刚性的,所以钢筋的变形是个未知数,附加弯矩也就无法确定,因此无法确定钢筋的实际承载能力。为了计算方便,作了如下假设:切口上下两端混凝土对钢筋产生约束,钢筋为理想弹性直杆仅受轴向荷载作用,无横向荷载或弯矩作用。通过上述假设,增大了钢筋的稳定承载能力长度,实际提高了钢筋的理论承载能力,增大了爆破切口高度。爆破切口高度可以满足保证钢筋混凝土烟囱、水塔等高耸构筑物定向倒塌的高度要求。

根据上面的假定,杆件的长度系数 $\mu = 0.5$,杆件成为大柔度杆的柔度极限为

$$\lambda_{\mathrm{p}} = \sqrt{\frac{\pi^2 E}{\sigma_{\mathrm{p}}}} \qquad (2\text{-}51)$$

式中:E 是钢筋的弹性模量;σ_{p} 是钢筋的比例极限,也就是压杆的柔度要比柔度极限大。应满足下面不等式:

$$\lambda = \frac{\mu h_{\min}}{i} \geqslant \lambda_{\mathrm{p}} \qquad (2\text{-}52)$$

式中:μ 是轴心压杆长度计算系数,固定刚性时 $\mu = 0.5$;$h_{\min}$ 是最小爆破切口高度;i 是钢筋截面回转半径。

$$i = \sqrt{\frac{I}{A}} = \frac{d}{4} \qquad (2\text{-}53)$$

式中:$I = \dfrac{\pi d^4}{64}$ 为惯性矩,d 为钢筋直径。将式(2-53)代入式(2-52)得

$$h_{\min} \geqslant d \cdot \lambda_{\mathrm{p}}/2 \qquad (2\text{-}54)$$

根据欧拉公式,此时单根杆钢筋的极限承载能力为

$$F_{\mathrm{cr}} = \frac{\pi^2 EI}{(\mu h)^2} \qquad (2\text{-}55)$$

通过上述理论分析,在满足式(2-54)最小的切口高度后,对于梯形切口内的钢筋破坏可分为两类:一类是两个斜边内的"短粗杆"为强度破坏,另一类为"细长杆"稳定性破坏。它们各自的极限载荷分别由式(2-55)和式(2-56)确定。此时钢筋的极限承载能力为

$$F_{\max} = f_{\mathrm{sc}} \cdot A \qquad (2\text{-}56)$$

式中:$F_{\max}$ 是单根钢筋所能承受的最大压力;f_{sc} 是钢筋的抗压强度;A 是钢筋的截面面积。

如图 2-8 所示,这样的切口内钢筋对中性轴的矩为

$$M_{\mathrm{s}} = \sum_{i=1}^{j} (e - d_i) \times F_{\max} + \sum_{i=j+1}^{n} (e + d_i) \times F_{\mathrm{cr}} \qquad (2\text{-}57)$$

式中：e 为偏心距；d_i 为钢筋到 y 轴的距离；j 为小柔度杆的个数；n 为大柔度杆的个数。

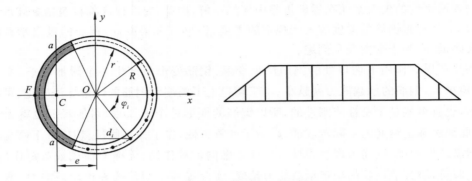

图 2-8　切口内竖筋分布示意图

作为烟囱爆破拆除的重要参数,切口高度决定切口范围混凝土被炸离钢筋骨架后竖向钢筋的稳定性,也是衡量烟囱爆破拆除,爆破切口上下面闭合时,烟囱重心偏移距离能否大于切口处烟囱外半径的重要参数[47]。工程上常用烟囱外径和烟囱壁厚乘以经验系数来计算切口高度,将理论分析同工程广泛采用的两种估算的方法对应可得到合理的爆破切口高度。实际在一般的情况下,钢结构中规定的大柔度杆 $\lambda \geqslant 150$,钢筋混凝土烟囱的配筋一般直径 $d \leqslant 22$ mm,当取 22 mm 直径的钢筋时最小切口高度为 1.65 m。大多数情况下满足了大柔度杆条件,往往就已经满足了重心偏移出支点的条件。同时理论研究表明:若按最不利情况考虑,切口内的裸露钢筋所产生的抵抗力矩一般可达到重力倾覆力矩的 $1\% \sim 5\%$,甚至更大。因此保证切口钢筋在爆破后成为大柔度杆,并在确定爆破切口的角度时充分考虑到这一因素的影响是有必要的。

2.3.3　定向窗计算

为了确保烟囱能准确按设计方向倾倒,首先要选取正确的爆破切口形状和尺寸,确保支撑区对称,精确开凿定向窗是保证支撑区对称的主要技术措施。实践证明,爆炸作用对保留支撑部位的破坏作用很大,不能保证烟囱倾倒方向的准确性。精确开凿定向窗在烟囱爆破拆除工程中越来越重要。开凿定向窗的另一个原因是混凝土筒身的结构强度、砌筑工艺、炮眼深度、炸药用量等因素的影响,使得爆后切口很难达到完全对称。

定向窗的开凿通常是采用人工或爆破法在设计定向窗的边界处先开洞口,然后对其进行修整[75]。开设定向窗可以有效地阻止爆破能量向保留部分扩散,为爆破区增加新的自由面,改善其爆破条件。其形状可为倒三角形,也可为矩形。定向窗可做到倾倒切口中心线两侧完全对称,减小了爆破对烟囱非倾倒侧保留部分的破坏(如屏蔽隔断爆破作用、逸放爆破产生的空气冲击波和爆生气体等),使其具有足够的支撑能力,避免烟囱过早下坐而造成危害。烟囱倾倒时"铰"支点的位置也因定向窗的开凿由随意性变成了确定性。另外定向窗还便于对烟囱内衬进行处理[76]。

2.3.3.1　定向窗大小

定向窗的形式如图 2-9 所示,爆破切口所对圆心角可表示为

$$\alpha = 2\alpha_w + \alpha_b \tag{2-58}$$

式中：α_w 为一个定向窗所对圆心角；α_b 为待爆部分所对圆心角；待爆部分的保留面积为

$$A = \frac{1}{2}(R_1^2 - r_1^2)\alpha_b \tag{2-59}$$

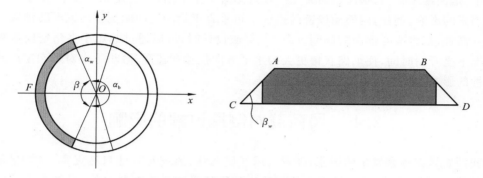

图 2-9　爆破切口及定向窗示意图

必须保持开凿定向窗后的烟囱稳定，满足待爆保留部分所能承受的最大压力大于上部筒体重力的一半[4]，即

$$\frac{1}{2}P < A \times f_{bc} \Rightarrow A > \frac{P}{2f_{bc}} \Rightarrow \alpha_b > \frac{P}{(R_1^2 - r_1^2)f_{bc}} \tag{2-60}$$

式中：f_{bc} 为钢筋混凝土极限抗压强度；P 为切口上部筒体的自重。因此，高耸烟囱控制爆破拆除的定向窗口所对应的中心角为

$$2\alpha_w < \alpha - \alpha_b \Rightarrow \alpha_w < \frac{1}{2}\left[\alpha - \frac{P}{(R_1^2 - r_1^2)f_{bc}}\right] \tag{2-61}$$

2.3.3.2　定向窗口夹角

要实现烟囱筒体平稳倒塌，爆破切口首先必须实现根部闭合，并依次实现爆破切口上下两端闭合，爆破切口闭合应该是连续缓慢地进行。这就要求定向窗口夹角必须是锐角，同时还必须保证定向窗夹角大于切口闭合角，以防止上下切口闭合过早，切口上部筒体偏转阻力过大，阻碍烟囱整体倒塌的顺利进行。我们可以得到的定向窗口夹角的计算公式为[4]

$$\beta_w = \alpha_0 + \Delta \tag{2-62}$$

式中：α_0 为切口闭合角；Δ 为经验常数。

工程爆破观测和实验分析表明：定向窗夹角较大时，在起爆后，烟囱会有 $A(B)$、$C(D)$ 两个应力集中点，如图 2-9 所示，A 点应力集中程度要小于 C 点。高大钢筋混凝土烟囱的爆破拆除工程更适合选用小定向窗夹角。需要拆除的烟囱一般使用时间都有十年以上，由于烟囱施工质量不尽相同，化学物质的侵蚀会使结构各部分的强度不同。若应力集中发生在其他位置，就可能使烟囱的倾倒方向发生偏差。采用小夹角的定向窗，应力集中程度最高的点是定向窗夹角的顶点，烟囱倒塌时以定向窗的顶点为转动铰链，更利于控制烟囱的倾倒方向。

　　下坐是影响烟囱定向倾倒准确性的主要因素,必须采取措施控制下坐对烟囱定向倾倒准确性的影响。烟囱在转动过程中支撑部位逐渐被破坏,以致不足以平衡此处受到的压力,烟囱开始出现整体的竖向位移。因此烟囱在爆破拆除过程中普遍都会发生下坐。下坐过程中,烟囱继续转动,烟囱定向转动的铰链随着下坐不断调整,在此过程中,由于一些不确定因素的影响,例如,两转动铰链的连线不再垂直于烟囱定向倾倒方向或两转动铰链不在同一高程,都将改变烟囱的倾倒方向[77]。爆破设计时,可以通过选用小夹角定向窗来滞后烟囱下坐开始时间,使烟囱获得更大的水平方向位移和速度,减小下坐对烟囱定向倾倒准确性的影响[48]。

2.4　　风荷载对倒塌过程的影响

　　我国是风灾频繁发生的国家,随着全球气候恶化,风灾与其他自然灾害一样,呈逐年递增的趋势,风荷载对于高径比大的高耸构筑物的影响是不能忽略的。足够强度的风荷载,有可能引起拟爆高耸构筑物本身的各种危险现象,如提前倒塌、倾倒方向失控。丹麦国家实验室实测表明,5 根烟囱在长时间风荷载作用下,烟囱筒身发生倾斜导致爆破难度加大[20,51]。

　　一般来说,当风向与预定爆破倾倒方向一致时,可加速爆破倾倒过程;当风向与预定爆破倾倒方向成一定夹角 α（$0° < \alpha < 180°$）时,可使爆破倾倒方向偏离预定方向,环境复杂时可能损坏周围建筑物及构筑物;当风向与预定倾倒方向相反时,可减缓倾倒过程,若风荷载足够大时,甚至会造成构筑物严重后坐、下坐或向预定倾倒方向相反的方向倒塌,导致爆破失败。为了减少风荷载对高耸构筑物爆破拆除的影响,需要提前了解天气预报,掌握爆破当天的风向和风力,避免大风天气爆破作业,选择无风或小风（不超过 3 级）进行爆破作业[26,78-79]。深入开展风载荷对高耸构筑物爆破拆除倾倒方向影响规律的研究,能预防爆破施工产生的危害。

　　现有的烟囱拆除爆破中对风荷载的研究是将其简化为静载,分析其倾覆力矩,忽略了风荷载的动力特性。实际上,不仅有风天气需要考虑风荷载的影响,烟囱在静风倾倒的过程中,相对运动也会产生空气阻力,形成相对运动的风荷载。前者的风荷载可以通过天气预报了解风向和风力,避开大风天气施工来消除,但后者运动过程产生的风荷载是不可避免的。因此,分析运动风荷载对爆破倾倒过程的影响是有实际意义的。

2.4.1　　风荷载基本理论

　　气流的三维流动可分为三个相互垂直方向的风速分量:顺风向、横风向和垂直风向。顺风向引起结构物的顺风向振动,与风力作用方向一致。结构物的横风向振动是结构物背后的漩涡引起的[28]。

　　大量风的实测资料表明,在风的顺风向时程曲线中,包含两种成分,一种是长周期成分,其值一般在 10 min 以上;一种是短周期成分,一般只有几秒。根据这一特点,实际上常把顺风向的风效应分解为稳定风（平均风）和阵风脉动（脉动风）两部分。

平均风是一定观测时段风向、风速的平均值。严格意义上应是此时段内各时刻顺时风的矢量合成的平均,以直角坐标三个风速分量的平均值或平均风矢的方向和速度表示。平均风相对稳定,可将其等效为静力作用[80-83]。

由风的不规则性引起的阵风脉动强度,随着时间变化,周期较短,自振周期与一些工程结构接近,容易使这些工程结构产生动力响应,引起结构顺风向振动的主要脉动风[82-83]。对于如高度超过 30 m 且高宽比大于 1.5 的高柔房屋及各种高耸结构自振周期大于 0.25 s 的工程结构,均应考虑脉动风产生顺风向振动对结构的影响。

2.4.2　顺风向运动风荷载计算

在同一水平线上不计体力,考虑无黏流体,在不可压的低速气流中,各点作为标准高度的伯努利方程为

$$\frac{1}{2}\rho v^2 + \omega_1 = c \tag{2-63}$$

式中:ρ 为空气质量密度(kg/m³);v 为风速(m/s);ω_1 为风压,即单位面积上的静压力(kN/m²);c 为常数。该方程表示,气流在运动过程中,其本身的压力随着流速的变化而变化,流速快,则压力小,流速慢,则压力大。当 $v = 0$ 时,$\omega_1 = \omega_m$,代入伯努利方程,得到 $c = \omega_m$。当风速为 v 时,$\omega_1 = \omega_b$,则

$$\frac{1}{2}\rho v^2 + \omega_b = \omega_m \tag{2-64}$$

$\omega = \omega_m - \omega_b$ 即计算的风压力,将 $\gamma = \rho g$ 代入,得到风速与风压的关系表达式

$$\omega = \frac{1}{2}\rho v^2 = \frac{1}{2}\frac{\gamma}{g}v^2 \tag{2-65}$$

式中:γ 为空气单位体积的重力(kN/m³)。

以上伯努利方程的变换是基于自由气流遇到障碍面而完全停滞所得到的,但是一般工程结构并不能理想地使自由气流停滞,而是让自由气流以不同的方式在结构表面绕过,因此实际结构所受到的风压要进行修正。μ_s 为风荷载体型系数,μ_z 为风压高度变化系数。将基本风速 v_0 换算成基本风压 ω_0,故垂直于构筑物表面上的平均风荷载标准值 $\overline{\omega}(z)$ 为

$$\overline{\omega}(z) = \mu_s\mu_z\omega_0 = \mu_s\mu_z\frac{1}{2}\frac{\gamma}{g}v_0^2 \tag{2-66}$$

在气压为 101.325 kPa,常温 15 ℃,绝对干燥的情况下,$\gamma = 0.012\,018$ kN/m³,取重力加速度 $g = 9.8$ m/s²,代入平均风荷载标准值 $\overline{\omega}(z)$ 的表达式中

$$\overline{\omega}(z) = \mu_s\mu_z\omega_0 = \mu_s\mu_z\frac{1}{2}\frac{0.012\,018}{9.8}v_0^2 \approx \frac{1}{1\,600}\mu_s\mu_z v_0^2 \tag{2-67}$$

t 时刻 z 高度处风速 $V(z,t)$ 可以写作

$$V(z,t) = \overline{v}(z) + v(z,t) \tag{2-68}$$

式中:$\overline{v}(z)$ 为 z 高度处的平均风速(m/s);$v(z,t)$ 为 z 高度处的脉动风速(m/s)。t 时刻 z 高度处的风压 $W(z,t)$ 为

$$W(z,t) = \frac{1}{2}\rho V^2(z,t) = \frac{1}{2}\rho\,[\overline{v}(z) + v(z,t)]^2$$

$$= \frac{1}{2}\rho\overline{v}^2(z) + \frac{1}{2}\rho[2\overline{v}(z)v(z,t) + v^2(z,t)]$$

$$= \overline{\omega}(z) + \omega(z,t) \tag{2-69}$$

式中：$\overline{\omega}(z)$ 为 z 高度处的平均风压（kN/m²）；$\omega(z,t)$ 为脉动风压（kN/m²）。脉动风压是作用于柔性结构物上的风振动力载荷应具有的某一保证率下的最大值，以概率论为基础进行随机荷载分析，常表达为等效静力风荷载，即

$$W(z,t) = \overline{\omega}(z) + \omega(z,t) = (1+\beta_z)\overline{\omega}(z) \tag{2-70}$$

式中：$W(z,t)$ 为具有某一保证率的总风荷载（kN/m²）；β_z 为风振系数，$\beta_z = 1 + \dfrac{\zeta v\varphi_z}{\mu_z}$，$\zeta$ 为脉动增大系数，v 为脉动影响系数，φ_z 为振型影响系数。

$$\varphi_z = \tan\left[\frac{\pi}{4}\left(\frac{z}{H}\right)^{0.7}\right]$$

z 高度处总风荷载与风速的关系为

$$W(z,t) = \frac{1+\beta_z}{1\,600}\mu_s\mu_z v_0^2 \tag{2-71}$$

此时，只要确定烟囱倾倒时的速度就可以确定 v_0，从而得到相应高度的运动风荷载。

2.4.3 考虑漩涡脱落的横风向风振计算

烟囱是圆截面高耸细长柔性结构，随着烟囱高度的增加，横风向共振问题的研究日益重要，在实际工程设计中，往往只考虑了顺风向的平均风荷载和脉动风荷载，而没有顾及横风向的风振响应，《烟囱设计规范》没有相关规定。当烟囱出现横风向漩涡脱落共振响应时，横向风振和临界风速下顺风向响应的共同作用可能对烟囱起控制作用，如图 2-10 所示。

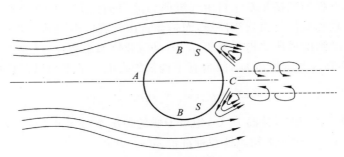

图 2-10　风荷载计算示意图

横风向风振性质远比顺风向更为复杂，是由不稳定的空气动力形成的，包括漩涡脱落、扰振、颤振、抖振、驰振等空气动力现象。圆形截面的高耸细长柔性结构，如烟囱，其横向风的振动主要是漩涡脱落引起的涡激共振。通常情况下，横风向风力仅为顺风向风力的 1/4 左右，但是由于共振产生的放大作用，例如，当混凝土结构 $\xi = 0.05$ 时，动力放大系数 $1/(2\xi) = 10$，横风向共振的等效静力风相当于顺风向风力的 2.5 倍左右，因此，考虑漩涡脱落的横风向风振计算是必要的。

　　当风以一定的速度吹向圆柱形物体时,平行的气流在圆柱体背风面的两侧交替形成漩涡,漩涡的出现与消失引起柱体两侧压力的改变,迫使柱体发生垂直于风向的横向振动。对于圆截面柱体结构,当发生漩涡脱落时,若脱落频率与结构自振频率相符,将出现共振,大量试验表明,漩涡脱落频率 f_s 与风速 v 成正比,与截面的直径 D 成反比。

　　惯性力与黏性力之比称为雷诺数,构筑物绕流场的雷诺数通常由下式确定:

$$Re = 69\,000vD \tag{2-72}$$

D 为垂直于流速方向物体截面的直径;v 为计算高度处风速(当倾斜度不大于 0.02 时,可近似取 2/3 结构高度处的风速和直径)。

　　由圆形截面的阻力系数与雷诺数关系,可以将雷诺数分为三个临界范围:亚临界范围($300 < Re < 3 \times 10^5$),漩涡形成有规则,并作周期性脱落;超临界范围($3 \times 10^5 \leqslant Re \leqslant 3.5 \times 10^6$),为不规则的随机振动;跨临界($Re > 3.5 \times 10^6$),漩涡脱落规则,出现周期性的确定性振动。当漩涡脱落频率等于或接近物体的任一振型的固有频率时,便会引起物体的共振。所对应的临界风速为

$$v_{cr} = \frac{f_s D}{St} = \frac{D}{St\,T_j} \tag{2-73}$$

式中:f_s 为漩涡脱落频率;D 为圆柱体直径;St 为斯托罗哈数(圆截面结构取 0.2);T_j 为烟囱第 j 阶振型周期。临界风速的起始点高度 H_1 为

$$H_1 = H \times \left(\frac{v_{cr}}{v_H}\right)^{1/a} \tag{2-74}$$

式中:a 为地面粗糙度指数;v_H 为结构顶部风速。

　　横风向效应分两段考虑:① 当风速在亚临界或超临界范围内,即 $300 < Re < 3 \times 10^6$,应控制结构顶部风速 $v_H \leqslant v_{cr}$;② 当 $Re > 3.5 \times 10^6$ 且结构顶顶部风速 $v_H > v_{cr}$ 时,应计算跨临界强风共振引起的风荷载。工程中更关心的是在跨临界范围的共振响应,对于亚临界和超临界范围,通常在构造上采取防振措施或控制结构的临界风速。

　　跨临界强风共振引起的在 z 高度处振型 j 的等效风荷载为

$$\omega_{cj}(z) = \frac{|\lambda_j|\,v_{cr}^2 \varphi_{zj}}{12\,800\zeta_j} \tag{2-75}$$

式中:λ_j 为计算系数(可查表);φ_{zj} 为 z 高度处结构的第 j 阶振型系数;ζ_j 为第 j 阶振型的阻尼比(对一般悬臂型结构,可只取第 1～2 阶振型,最多不超过 4 阶)。

　　横向共振时的组合效应为

$$S = \sqrt{S_c^2 + S_A^2} \tag{2-76}$$

式中:S 为横向共振的组合效应;S_c 为横向共振效应;S_A 为横向共振时的顺风向效应。

2.4.4　总风荷载的计算

　　考虑最不利情况,当漩涡脱落引起横风向共振时,高耸筒形构筑物受到的顺风向效应和横向共振效应共同引发的组合效应为 $S = \sqrt{S_c^2 + S_A^2}$,Z 高度处所受到的组合效应的等效风荷载(图 2-11)按下式计算:

$$\omega' = \sqrt{\left(\frac{\lambda_j |v_{cr}^2 \varphi_{zj}}{12\,800 \zeta_j}\right)^2 + \left(\frac{1+\beta_z}{1\,600}\mu_s\mu_z v_{cr}^2\right)^2} \tag{2-77}$$

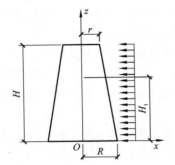

图 2-11　风荷载计算示意图

式中:各参数的物理意义与前节保持一致。任意高度 z 处烟囱筒体的外半径 R_z 的值为

$$R_z = R - z \cdot (R-r)/H \tag{2-78}$$

风荷载的合力为

$$F = \int_0^H 2R_z\omega'\mathrm{d}z \tag{2-79}$$

风荷载的力矩为

$$M = \int_0^H 2R_z\omega'z\,\mathrm{d}z \tag{2-80}$$

风荷载合力作用的中心高度为

$$H_1 = M/F \tag{2-81}$$

2.4.5　余留支撑体断面的受力分析

图 2-12 为烟囱爆破切口断面,设计倾倒方向为 X 轴正向,切口弧长所对圆心角为 α,余留支撑体为 ABC,X 轴的正向与风荷载的方向的夹角为 β,余留支撑体的形心主轴为 O_1O_2,风荷载作用下的切口断面中性轴为 Z_1Z_2,偏心距为 e,Z_1Z_2 与 O_1O_2 的夹角为 θ。

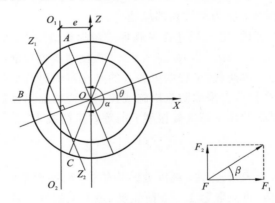

图 2-12　风荷载影响下的切口断面示意图

对于钢筋混凝土烟囱,考虑到钢筋和混凝土的材料性质不同,余留截面的偏心距 e 应按下式计算:

$$e = \frac{2(R^2 + r^2 + Rr)\sin\dfrac{\alpha}{2}}{3(R+r)\left(\pi - \dfrac{\alpha}{2} + \mu W\right)} \tag{2-82}$$

式中:μ 为爆破切口断面配筋率,$\mu = \dfrac{nd^2}{4(R^2 - r^2)}$,钢筋的直径为 d,整个爆破切口截面内

烟囱钢筋的根数为 n；W 为面积折算比，是钢筋的弹性模量和混凝土的弹性模量之比，$W = \dfrac{E_{钢筋}}{E_{混}}$。余留截面对形心主轴 O_1O_2 的惯性矩为

$$I_1 = \frac{1}{8}(R^4 - r^4)(2\pi - \alpha - \sin\alpha) - \frac{4}{3}e(R^3 - r^3)\sin\frac{\alpha}{2}$$

$$+ \left[\left(\pi - \frac{\alpha}{2} + \mu\pi\right)e^2 + \frac{1}{2}\mu\pi r_0^2\right](R^2 - r^2) \tag{2-83}$$

式中：r_0 为钢筋到烟囱筒心的距离。余留截面对 X 轴的惯性矩为

$$I_2 = \frac{1}{8}r^3(R - r)\left|\pi - \frac{\alpha}{2} + \frac{\sin\beta}{2}\right| \tag{2-84}$$

爆破切口形成后，钢筋混凝土烟囱余留截面所受应力如下。

1）由钢筋混凝土烟囱自重产生的压应力

$$\sigma_1 = \frac{G}{A} \tag{2-85}$$

式中：$A = \left(\pi - \dfrac{\alpha}{2} + \mu W\right)(R^2 - r^2)$ 为切口处余留截面的面积；G 为钢筋混凝土烟囱爆破切口上部筒体的重量。

2）由钢筋混凝土烟囱重心偏心而引起的应力

$$\sigma_2 = \frac{Ge(x + e)}{I_1} \tag{2-86}$$

式中：x 为钢筋混凝土烟囱余留截面上任一点对应的 X 轴坐标值。

3）由风荷载引起的应力

$$\sigma_3 = -\left[\frac{M(x + e)\cos\beta}{I_1} + \frac{My\sin\beta}{I_2}\right] \tag{2-87}$$

所以，余留截面上任意一点受到的合压（拉）应力

$$\sigma = \sigma_1 + \sigma_2 + \sigma_3 = \frac{G}{A} + \frac{Ge(x + e)}{I_1} - \left[\frac{M(x + e)\cos\beta}{I_1} + \frac{My\sin\beta}{I_2}\right] \tag{2-88}$$

令 $\sigma = 0$，可确定中性轴 Z_1Z_2 的方程

$$\frac{G}{A} + \frac{Ge(x + e)}{I_1} - \left[\frac{M(x + e)\cos\beta}{I_1} + \frac{My\sin\beta}{I_2}\right] = 0 \tag{2-89}$$

此方程为直线方程，等号两边对 x 求导可得中性轴 Z_1Z_2 的斜率方程

$$\frac{\mathrm{d}y}{\mathrm{d}x} = \frac{(Ge - M\cos\beta)I_2}{MI_1\sin\beta} \tag{2-90}$$

倾倒方向与设计方向的夹角为 θ，倾倒方向垂直于中性轴 Z_1Z_2，由几何关系，得到

$$\tan\theta \times \frac{\mathrm{d}y}{\mathrm{d}x} = -1 \tag{2-91}$$

从而得到风荷载作用下的倾倒偏转角公式

$$\theta = \arctan\left|\frac{MI_1\sin\beta}{(Ge - M\cos\beta)I_2}\right| \tag{2-92}$$

当风力 F 一定但风向变化时，存在一个最大倾倒偏转角 $\theta_{\max}$，令 $\mathrm{d}\theta/\mathrm{d}\beta = 0$，即

$$\frac{\mathrm{d}\theta}{\mathrm{d}\beta} = \frac{MI_1\cos\beta(Ge - M\cos\beta)I_2 - M^2 I_1 I_2 \sin^2\beta}{\left\{1 + \left[\dfrac{MI_1\sin\beta}{(Ge - M\cos\beta)I_2}\right]^2\right\}\left[(Ge - M\cos\beta)I_2\right]^2} = 0 \qquad (2\text{-}93)$$

要使 $\mathrm{d}\theta/\mathrm{d}\beta = 0$，分子必须为 0，即

$$MI_1\cos\beta(Ge - M\cos\beta)I_2 - M^2 I_1 I_2 \sin^2\beta = 0 \qquad (2\text{-}94)$$

整理得到

$$\cos\beta = \frac{M}{Ge} \qquad (2\text{-}95)$$

于是，最大倾倒偏转角 $\theta_{\max}$ 的计算公式为

$$\theta_{\max} = \arctan\left|\frac{MI_1}{\sqrt{(G^2 e^2 - M^2)I_2}}\right| \qquad (2\text{-}96)$$

此时，风荷载的力矩为

$$\begin{aligned}
M &= \int_0^H 2R_z \omega' z \, \mathrm{d}z \\
&= \int_0^H 2z\left[H - \frac{(R-r)z}{H}\right]\sqrt{\left(\frac{|\lambda_j| v_{\mathrm{cr}}^2 \varphi_{zj}}{12\,800\zeta_j}\right)^2 + \left(\frac{1+\beta_z}{1\,600}\mu_s\mu_z v_{\mathrm{cr}}^2\right)^2}\,\mathrm{d}z \qquad (2\text{-}97)
\end{aligned}$$

上式为风荷载作用下最大偏转角的表达式，它不仅与风荷载、偏心距有关，而且还与切口大小有关。进一步分析偏心距 e 的表达式，当烟囱上下截面半径 r 和 R 一定时，$\theta_{\max}$ 与 α 和 μ 有关，随 α 的增大而减小，随 μ 的增大而增大。

　　本书建立风荷载作用下高耸构筑物定向倾倒的力学模型，对定向爆破切口进行受力分析，着重考虑风荷载作用对倾倒力学条件的改变及对倾倒方向的影响，分析转角与风荷载之间的变化规律。研究表明，风荷载对筒形高耸构筑物爆破倾倒方向有显著影响，风荷载增大时，偏转角呈线性增加，同时改变了中心轴的位置，计算时应根据构筑物的形状具体计算。相关结论将对工程实际有一定参考价值。

2.5　爆破荷载的瞬态动力响应及控制机理研究

2.5.1　爆破荷载的瞬态动力响应研究

　　爆破荷载作用的瞬间，会对高耸构筑物有冲击作用，当冲击荷载引起的动力响应较大时，会对高耸构筑物的定向爆破产生影响，严重时将影响偏转角度。本节将对爆破荷载对高耸构筑物的瞬态和稳态动力响应进行研究。

　　目前推导单自由度或多自由度体系运动方程时，会得到以结构自振频率振动的瞬态反应项和以外荷载激振频率振动的稳态反应项，考虑到阻尼的存在会使瞬态振动很快衰减为零，因此通常会忽略瞬态反应影响，仅考虑由外荷载引起的稳态反应。这样的简化在一般情况下是成立的，但在特殊情况下，例如，作用时间极短的地震或爆破荷载，在反应的初始阶段瞬态反应项可能远大于稳态反应项，从而成为结构最大反应的控制量。因此，研究作用时间极短的地震或爆破荷载作用下结构的动力分析与设计时，瞬态反应项的影响不能忽略。本节内容将推导爆破荷载作用下，烟囱等高耸构筑物的瞬态动力反应项的影响

公式,为工程实际提供参考。

考虑问题的一般性,将质量连续分布的高耸构筑物简化为单自由度体系,将爆破荷载在主激励频率段展开,简化为简谐荷载,则简谐荷载作用下单自由度体系的运动方程和初始条件为

$$m\ddot{u} + c\dot{u} + ku = p_0\sin\omega t \tag{2-98}$$

$$u\big|_{t=0} = u(0), \quad \dot{u}\big|_{t=0} = \dot{u}(0) \tag{2-99}$$

将阻尼 c 用阻尼比 ζ 代替,其中 $c = 2m\omega_n\zeta$,得到运动方程

$$\ddot{u} + 2\zeta\omega_n\dot{u} + \omega_n^2 u = \frac{p_0}{m}\sin\omega t \tag{2-100}$$

这是一个关于位移 $u(t)$ 的二阶非齐次微分方程,将通解和特解代入,得到运动方程的全解为

$$u(t) = e^{-\zeta\omega_n t}(A\cos\omega_d t + B\sin\omega_d t) + C\sin\omega t + D\cos\omega t \tag{2-101}$$

式中: $u_s(t) = e^{-\zeta\omega_n t}(A\cos\omega_d t + B\sin\omega_d t)$ 是以结构自振频率振动的瞬态反应项; $u_w(t) = C\sin\omega t + D\cos\omega t$ 是以外荷载激振频率振动的稳态反应项; $\omega_d = \omega_n\sqrt{1-\zeta^2}$ 是有阻尼体系的自振频率; A, B, C, D 为系数,可以求得。

$$C = \frac{P_0}{m\omega_n^2} \cdot \frac{1 - (\omega/\omega_n)^2}{[1-(\omega/\omega_n)^2]^2 + [2\zeta(\omega/\omega_n)]^2} \tag{2-102}$$

$$D = \frac{P_0}{m\omega_n^2} \cdot \frac{-2\zeta\omega/\omega_n}{[1-(\omega/\omega_n)^2]^2 + [2\zeta(\omega/\omega_n)]^2} \tag{2-103}$$

引入零初始条件, $u\big|_{t=0} = u(0) = 0, \dot{u}\big|_{t=0} = \dot{u}(0) = 0$,得到参数

$$A = -D \tag{2-104}$$

$$B = \frac{C\omega + D\zeta\omega_n}{-\omega_n\sqrt{1-\zeta^2}} \tag{2-105}$$

爆破荷载作用时间极短,即 $t \to 0$,系统还来不及衰减,考虑瞬态振动项的影响。令 u_s 代表瞬态振动的幅值, u_w 代表稳态振动的幅值,则 $u_s = \sqrt{A^2 + B^2}, u_w = \sqrt{C^2 + D^2}$,将系数 A, B, C, D 代入计算,可以得到

$$u_s = \frac{P_0\omega}{m\omega_n\sqrt{(1-\zeta^2)[(\omega_n^2-\omega^2)^2 + 4\zeta^2\omega_n^2\omega^2]}} \tag{2-106}$$

$$u_w = \frac{P_0}{m\sqrt{(\omega_n^2-\omega^2)^2 + 4\zeta^2\omega_n^2\omega^2}} \tag{2-107}$$

单自由度体系的等效静位移为 $u_{st} = \frac{p_0}{k} = \frac{p_0}{m\omega_n^2}$,分别求出瞬态振动和稳态振动的位移放大系数为 β_s 和 β_w。

$$\beta_s = \frac{\omega/\omega_n}{\sqrt{(1-\zeta^2)\{[1-(\omega/\omega_n)^2]^2 + [2\zeta(\omega/\omega_n)]^2\}}} \tag{2-108}$$

$$\beta_w = \frac{1}{\sqrt{[1-(\omega/\omega_n)^2]^2 + [2\zeta(\omega/\omega_n)]^2}} \tag{2-109}$$

结合以上两式,可以看出放大系数不仅与结构的自振频率、外激励的频率有关,还和结构阻尼比关系密切。当结构发生共振时,即 $\omega/\omega_n = 1$,放大系数出现峰值。

由图2-13可以看出:① 当 $\omega/\omega_n = 0$ 时,不论阻尼比取何值,瞬态响应的动力放大系数为0;② 当 $\omega/\omega_n = 1$ 时,出现共振,瞬态响应的动力放大系数达到最大;③ 随着阻尼比的增大,瞬态响应的动力放大系数曲线逐渐平缓。

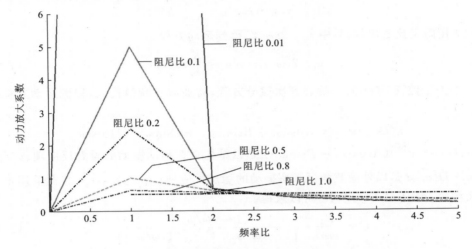

图2-13　不同阻尼比时瞬态响应的动力放大系数对比

在阻尼比不同的情况下,以 $\zeta = 0.05, 0.1, 0.5$ 为例,讨论不同的外激励频率对稳态和瞬态动力响应放大系数的影响,如图2-14所示。

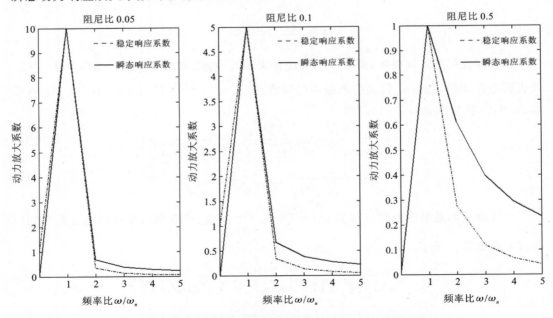

图2-14　特定阻尼比时稳态和瞬态响应的动力放大系数对比

对于 $\beta_s = \dfrac{\omega/\omega_n}{\sqrt{(1-\zeta^2)\{[1-(\omega/\omega_n)^2]^2 + [2\zeta(\omega/\omega_n)]^2\}}}$，令 $t = \omega/\omega_n$，则 $\beta_s =$

$\dfrac{t}{\sqrt{(1-\zeta^2)[(1-t^2)^2 + (2\zeta t)^2]}}$，可知瞬态响应的动力放大系数是频率比 t 和阻尼比 ζ 的

函数。当某一振动系统确定时，阻尼比 ζ 即常数，令 $\mathrm{d}\beta_s/\mathrm{d}t = 0$，可以得到 β_s 的极值。

$$\frac{\mathrm{d}\beta_s}{\mathrm{d}t} = \frac{\sqrt{(1-\zeta^2)[(1-t^2)^2 + (2\zeta t)^2]} - t\dfrac{(1-\zeta^2)(-4t(1-t^2)+8t\zeta^2)}{2\sqrt{(1-\zeta^2)[(1-t^2)^2+(2\zeta t)^2]}}}{(1-\zeta^2)[(1-t^2)^2+(2\zeta t)^2]}$$

$$= \frac{2(1-\zeta^2)[(1-t^2)^2+(2\zeta t)^2] - t(1-\zeta^2)(-4t(1-t^2)+8t\zeta^2)}{2(1-\zeta^2)^{3/2}[(1-t^2)^2+(2\zeta t)^2]^{3/2}}$$

$$= 0$$

上式成立的条件是分子为 0，即

$$2(1-\zeta^2)[(1-t^2)^2+(2\zeta t)^2] - t(1-\zeta^2)[-4t(1-t^2)+8t\zeta^2] = 0$$

展开以后，得到 $2(1-\zeta^2)(1-t^4) = 0$，即 $t = \omega/\omega_n = 1$，再次证明共振时，瞬态响应的动力放大系数达到最大。

令 $\varphi(\omega_n) = \omega_n^2[(\omega_n^2 - \omega^2)^2 + 4\zeta^2\omega_n^2\omega^2]$，因为简谐荷载的主激励频率 ω 是一个定值，则 $u_s = \dfrac{P_0\omega}{m\sqrt{(1-\zeta^2)\varphi(\omega_n)}} \propto \dfrac{1}{\sqrt{\varphi(\omega_n)}}$，现在分析函数 $\varphi(\omega_n)$ 的特性，这是一个关于 ω_n 的四次函数表达式。

讨论：令 $\varphi'(\omega_n) = 2\omega_n[3\omega_n^4 - 4\omega^2(1-2\zeta^2)\omega_n^2 + \omega^4] = 0$，且 $\omega_n > 0$，求得拐点：

$$\omega_{n1}^2 = \frac{2\omega^2(1-2\zeta^2) + \omega^2\sqrt{1-16\zeta^2(1-\zeta^2)}}{3}$$

$$\omega_{n2}^2 = \frac{2\omega^2(1-2\zeta^2) - \omega^2\sqrt{1-16\zeta^2(1-\zeta^2)}}{3}$$

当阻尼比很小时，即 $\zeta \to 0$ 时，$\omega_{n1} \approx \omega$，$\omega_{n2} \approx \omega/\sqrt{3}$，将拐点值代入 $\varphi''(\omega_n) = 2[15\omega_n^4 - 12\omega_n^2\omega^2(1-2\zeta^2) + \omega^4]$，得

$\varphi''(\omega_{n1}) = \varphi''(\omega) = 8\omega^4 > 0$，则 $\varphi(\omega_n)$ 有极小值，u_s 有极大值；

$\varphi''(\omega_{n2}) = \varphi''(\omega/\sqrt{3}) = -8/3\omega^4 < 0$，则 $\varphi(\omega_n)$ 有极大值，u_s 有极小值。

因此，阻尼比很小时（$\zeta \to 0$ 时）可以得到以下结论：当 $\omega_{n1} = \omega$ 时，结构发生共振，瞬态振动达到位移幅值；当 $\omega_{n2} = \omega/\sqrt{3}$ 时，瞬态振动位移达到最小值。因此，可以通过控制爆破荷载频率 ω，使其满足 $\omega_{爆破} = \sqrt{3}\omega_{结构}$（或者 $f_{爆破} = \sqrt{3}f_{结构}$），此时，爆破荷载作用的瞬态效应达到最小，对烟囱的倾倒偏转角影响最小。

2.5.2　重力二阶效应（$P\text{-}\Delta$ 效应）

重力二阶效应一般包括重力 $P\text{-}\Delta$ 效应和 $P\text{-}\Delta$ 效应。重力 $P\text{-}\Delta$ 效应是结构在水平风荷载或水平地震作用下产生侧移变位后，重力荷载由该侧移而引起的附加效应。$P\text{-}\Delta$ 效应是由于构件自身挠曲引起的附加重力效应，二阶内力与构件挠曲形态有关。由于一般高耸构筑结构的长细比不大，其挠度二阶效应的影响相对很小，一般可以忽略不计。重力荷载引

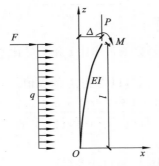

图 2-15　高耸结构的受力模型

起的 P-Δ 效应和结构侧移相对较为明显,可增加结构的位移和内力,当位移较大时甚至导致结构失稳。因此,对于高层构筑物,必须验算、控制结构在地震或风作用下,重力荷载产生的 P-Δ 效应引起的结构失稳。工程实际中,采用逐次逼近法、刚度方程法以及 Timosenko 挠度放大系数法[84-85],先建立结构压弯梁的变形微分方程,推导结构在顶部集中力、侧向均布力以及侧向集中力矩等共同作用下 P-Δ 效应的精确解析表达式。

如图 2-15 所示为高耸结构的受力模型,其侧向受水平集中力 F 和水平分布力 q,顶部受竖向力 P 和力矩 M。建立结构的变形微分方程:

$$EIu''(z) = M + P(\Delta - u) + F(l - z) + \frac{q(l-z)^2}{2} \tag{2-110}$$

令 $a = \sqrt{P/EI}$,得到

$$u''(z) + a^2 u(z) = a^2 \Delta + a^2 \left[M + F(l-z) + \frac{q(l-z)^2}{2} \right] \Big/ P$$

解得

$$u(z) = A\sin az + B\cos az + \Delta + \left[M + F(l-z) + \frac{q(l-z)^2}{2} - \frac{q}{a^2} \right] \Big/ P \tag{2-111}$$

根据边界条件,$z = 0$,$u = 0$,$u' = 0$,得到

$$A = \frac{F+ql}{aP} \tag{2-112}$$

$$B = -\Delta - \left[M + Fl + \frac{ql^2}{2} - \frac{q}{a^2} \right] \Big/ P \tag{2-113}$$

考虑到 $z = l$ 时,$u = \Delta$,代入边界条件,可以求得

$$\Delta = 1/P\cos al \left[(F+ql)/a\sin al + (q/a^2 - M - Fl - ql^2/2)\cos al + M - q/a^2 \right]$$
$$= M/P(\sec al - 1) + Fl/P(\tan al/al - 1) + q/Pa^2(al\tan al + 1 - a^2l^2/2 - \sec al) \tag{2-114}$$

令 $\varepsilon = al$,因为 $a^2 = \dfrac{P}{EI}$,得到 $\Delta = Ml^2/2EI\Delta_m + Fl^3/3EI\Delta_f + ql^4/8EI\Delta_q$,其中 $\Delta_m = 2/\varepsilon^2(\sec\varepsilon - 1)$,$\Delta_f = 3/\varepsilon^3(\tan\varepsilon - \varepsilon)$,$\Delta_q = 8/\varepsilon^4(1 + \varepsilon\tan\varepsilon - \sec\varepsilon - \varepsilon^2/2)$,由此可见,顶部挠度 Δ 是由侧向集中力 F、竖直压力 P、力矩 M 和侧向分布力 q 的共同作用引起的,Δ_f,Δ_q,Δ_m 各项正好是竖直压力 P 分别对侧向力 F 和 q、力矩 M 引起的顶部挠度的影响系数。

工程实际中,分步计入轴力的影响,采用逐步积分法来计算 P-Δ 效应,每一步的附加弯矩是轴力 P 在上一步位移上产生的弯矩,这种方法采用的次数越多越精确[14-15]。当采用两次逼近时,竖直压力对侧向力情形的影响系数 $\Delta_2 = 1 + 1/3\varepsilon^2 + 1/9\varepsilon^4$,而 Timoshenko 在《弹性稳定理论》中提出著名的近似轴力影响系数 $\Delta_T = 1/(1 - P/P_E)$,结构的压杆稳定欧拉临界力 $P_E = \pi^2 EI/(2l)^2$(悬臂梁)。Timoshenko 用 Δ_T 这个统一的放大系数近似地代替各种荷载下产生的轴力影响系数 Δ_m,Δ_f,Δ_q。

　　以上是先建立结构悬臂压弯梁的变形微分方程,推导复杂载荷下高耸结构在顶部集中力、侧向均布力以及侧向集中力矩等共同作用下 $P\text{-}\Delta$ 效应的精确解析表达式。

2.5.3　拱形超大导向窗爆破机理研究

　　在进行触地振速计算时,都是理想地把构筑物的质量集中在重心,实际构筑物在倒塌触地之前会发生一定的解体,从而在触地时是一种面触地,这样可以大大增加触地面积,减小触地振动,预开减振天窗和减荷槽可以加快构筑物在倒塌过程的解体。在受力特性和自身强度特性分析的基础上,确定预开减振天窗和减荷槽的尺寸,但必须细致校核欲处理后整体结构的安全稳定性。从理论上分析,减振天窗和减荷槽的尺寸只需要满足降低烟囱刚度加快解体的条件,工程实践中减振天窗的尺寸一般为 $2.5\,\text{m} \times 10\,\text{m}$(减振天窗的高度在满足结构稳定和强度的基础上尽量高)和 $2.5\,\text{m} \times h\,\text{m}$($h$ 为爆破缺口高度)[86]。

　　当高耸构筑物倾倒时,结构体触地变成了类似简支梁的条带薄壳结构,由于圆环的对称性,现取四分之一进行研究,由能量法[87-88]推导其在集中力作用下的位移。

　　令 M, F_N, F_S 分别为条带薄壳任意截面的弯矩、轴力和剪力,弯矩和轴力引起的应变能为 $V_{\sigma\sigma} = \int_s \left(\dfrac{M^2}{2ESR_0} + \dfrac{MF_N}{EAR_0} + \dfrac{F_N^2}{2EA} \right) \text{d}s$,剪力引起的应变能为 $V_{\sigma\tau} = \int_s \left(\dfrac{kF_S^2}{2GA} \right) \text{d}s$,其中,$S$ 表示截面对中性轴的静矩,k 为与横截面形状有关的参数$\left(\text{矩形截面 } k = \dfrac{6}{5},\text{圆形截面 } k = \dfrac{10}{9}\right)$,则条带薄壳的总应变能为 $V_\varepsilon = \int_s \left(\dfrac{M^2}{2ESR_0} + \dfrac{MF_N}{EAR_0} + \dfrac{F_N^2}{2EA} + \dfrac{kF_S^2}{2GA} \right) \text{d}s$,由卡氏定理求截面 B 的垂直位移:

$$\delta = \frac{\partial V_\varepsilon}{\partial F} = \int_s \left(\frac{M}{ESR_0} \frac{\partial M}{\partial F} + \frac{F_N}{EAR_0} \frac{\partial M}{\partial F} + \frac{F_N}{EA} \frac{\partial F_N}{\partial F} + \frac{kF_S}{GA} \frac{\partial F_S}{\partial F} \right) \text{d}s \quad (2\text{-}115)$$

　　由图 2-16 所示,$R_0 = R, \text{d}s = R\text{d}\varphi$,取任意横截面 $m\text{-}m$,截面上的内力 $M = FR\sin\varphi, F_N = -F\sin\varphi$,$F_S = F\cos\varphi$,则 $\dfrac{\partial M}{\partial F} = R\sin\varphi, \dfrac{\partial F_N}{\partial F} = -\sin\varphi$,$\dfrac{\partial F_S}{\partial F} = \cos\varphi$,将内力表达式代入卡氏定理求截面 B 的垂直位移公式,考虑问题的一般性,从 θ 至 $\dfrac{\pi}{2}$ 积分。

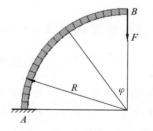

图 2-16　条带薄壳受力分析示意图

$$\delta = \frac{\partial V_\varepsilon}{\partial F} = \int_\theta^{\frac{\pi}{2}} \left(\frac{FR^2}{ES} \sin^2\varphi - \frac{FR}{EA} \sin^2\varphi + \frac{FR}{EA} \sin^2\varphi + \frac{kFR}{GA} \cos^2\varphi \right) \text{d}\varphi$$

$$= \left(\frac{\pi FR^2}{4ES} - \frac{\pi FR}{4EA} + \frac{\pi FkR}{4GA} \right) - \left(\frac{FR^2}{4ES} - \frac{FR}{4EA} + \frac{FkR}{4GA} \right) 2\theta + \left(\frac{FR^2}{4ES} - \frac{FR}{4EA} - \frac{FkR}{4GA} \right) \sin 2\theta$$

$$= \frac{\pi FR}{4EA} \left(\frac{R}{e} - 1 + \frac{kE}{G} \right) - \frac{FR}{4EA} \left(\frac{R}{e} - 1 + \frac{kE}{G} \right) 2\theta + \frac{FR}{4EA} \left(\frac{R}{e} - 1 - \frac{kE}{G} \right) \sin 2\theta$$

　　条带薄壳的任意横截面为矩形,则 $k = \dfrac{6}{5}$,取 $\dfrac{E}{G} = 2.6$,则

$$\delta = \frac{\partial V_e}{\partial F} = \frac{\pi FR}{4EA}\left(\frac{R}{e} + 2.12\right) - \frac{FR}{4EA}\left(\frac{R}{e} + 2.12\right)2\theta + \frac{FR}{4EA}\left(\frac{R}{e} - 4.12\right)\sin 2\theta$$

对小曲率条带薄壳，$\frac{R}{e}$ 的值很大，代表轴力和剪力对应变能的影响因子 2.12 及 4.12 可以忽略不计。

以南昌电厂高 210 m 的烟囱爆破拆除为例(图 2-17)，爆破切开中部开凿拱形超大导向窗。用挖掘机以倾倒中心线为准向两侧开凿导向窗，导向窗下部为矩形，宽 8.0 m、高 6.8 m，导向窗上部为宽 8.0 m、高 3.2 m 的拱形结构，以保证在结构足够可靠的前提下破坏井字梁结构，尽可能处理井字梁倒塌方向部分，并切断横梁。

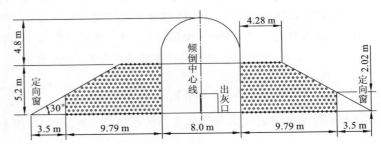

图 2-17　南昌电厂烟囱超大圆弧形导向窗

取烟囱 +6.8 m 高程横截面为研究对象，此处烟囱外半径为 $R = \frac{9.24 - 3.17}{210} \times (210 - 6.8) + 3.17 = 9.043\,(\text{m})$，壁厚 $\delta = \frac{0.62 - 0.25}{210} \times (210 - 6.8) + 0.25 = 0.608\,(\text{m})$，其中导向窗导致圆形横截面缺口弧长 8.0 m，求得对应圆心角 $\theta = \frac{8}{2\pi R} \times 360° = \frac{8}{2\pi \times 9.043} \times 360° = 51°$。当烟囱触地瞬间，结构体触地面变成了类似简支梁的条带薄壳结构，取单位厚度 1 建立三维有限元模型，混凝土材料弹性常数 $E = 30\,\text{GPa}$，泊松比 $\mu = 0.16$，密度 $\rho = 2\,500\,\text{kg/m}^3$，采用 ANSYS 12.1 建立有限元模型，选用 solid45 实体单元，总共生成单元 240 个。为了简化计算，仅在条带薄壳结构圆弧顶部节点施加约束，真实烟囱的断面，此点自由，由弹性力学的圣维南原理，远离此点的横截面所受影响可忽略不计。烟囱触地瞬间所受地面对烟囱的荷载垂直于接触面向上，触地冲击力按文献[89,90]基于 Hertz 碰撞理论的近似计算 $P_{\max} = 6.108\lambda^{2/5}m^{2/3}H^{3/5}$，其中，$\lambda$ 为地面表土层的拉梅常数 (N/m^2)，m 为塌落体质量(kg)，H 为塌落体下落高度(m)。计算得到 +6.8 m 高程单位厚度为 1 的条带薄壳质量为 $m = 91\,127\,\text{kg}$，$\lambda = \frac{\mu E}{(1 + \mu)(1 - 2\mu)} = \frac{0.25 \times 6 \times 10^6}{(1 + 0.25)(1 - 2 \times 0.25)} = 2.4 \times 10^6\,(\text{Pa})$，$H = 6.8\,\text{m}$，计算得到 $P_{\max} = 13\,\text{MN}$。为了对比不同宽度条带状薄壳结构导向窗的受力情况，同时为了简化计算说明问题，仅考虑线弹性范围的静力计算。

由图 2-18 ～ 图 2-29 和表 2-1 可知,圆心角为 51° 的导向窗相对于无导向窗的情况下,其位移和应力都较大,至少在 1.5 倍以上。因此烟囱在与地面发生触地碰撞时更容易破坏解体,烟囱根部破碎效果更好。

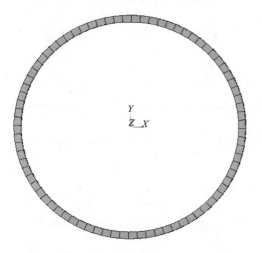

图 2-18　无导向窗平面图

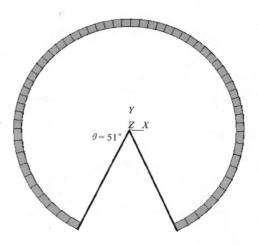

图 2-19　有导向窗平面图

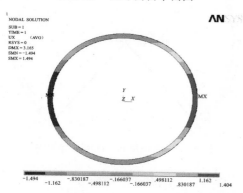

图 2-20　无导向窗水平方向位移图(图版 I)

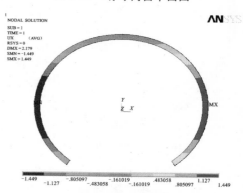

图 2-21　有导向窗水平方向位移图(图版 I)

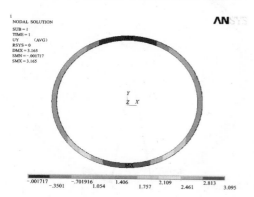

图 2-22　无导向窗竖直方向位移图(图版 I)

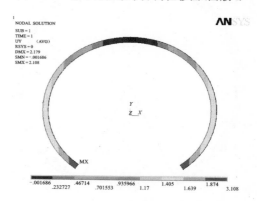

图 2-23　有导向窗竖直方向位移图(图版 I)

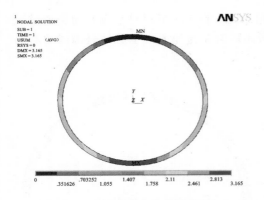

图 2-24　无导向窗合位移图（图版 I）

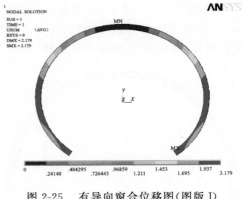

图 2-25　有导向窗合位移图（图版 I）

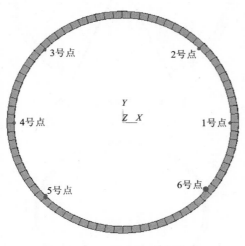

图 2-26　特征点示意图

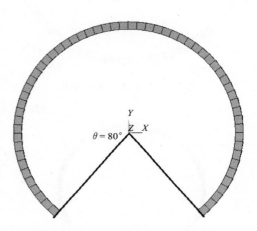

图 2-27　圆心角 80° 对应的导向窗

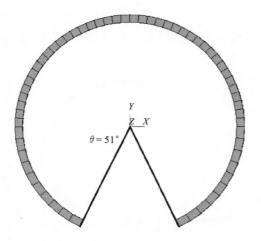

图 2-28　圆心角 51° 对应的导向窗

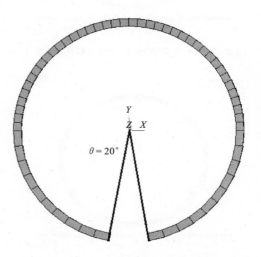

图 2-29　圆心角 20° 对应的导向窗

表 2-1　　特征点的位移和应力对比

分类	特征点	水平位移 /m	垂直位移 /m	S_X 应力 /MPa	S_Y 应力 /MPa
无导向窗	5 号	−0.542 51	1.949 6	38.4	13.5
	6 号	0.542 51	1.949 6	38.4	13.5
圆心角 51° 导向窗	5 号	6.529	3.432 2	57.7	22.7
	6 号	−6.529	3.432 2	57.7	22.7
有导向窗是无导向窗的倍数		12	1.8	1.5	1.7

　　取上半圆弧的 1～4 号特征点,研究其在不同宽度导向窗(即对应不同圆心角)时的位移和应力,对比曲线见图 2-30 和图 2-31。

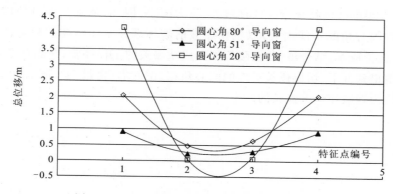

图 2-30　特征点在不同导向窗中的总位移对比

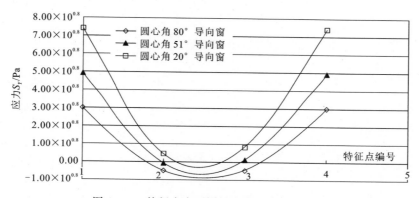

图 2-31　特征点在不同导向窗中的应力对比

　　图 2-30～图 2-31 表明,上半圆弧的 1～4 号点在不同圆心角对应的导向窗受力状态中呈现出不同的变化趋势,随着圆心角的增大,上半圆弧特征点的位移增大,应力减小。因此,结合实际工程,从安全经济角度出发,导向窗宽度对应的圆心角既不能太大,以免在爆破前破坏烟囱整体结构的稳定性,也不能太小,以免施工成本过大。结合济宁、铜陵等烟囱爆破工程经验,在满足整体结构的安全稳定性的前提条件下,导向窗切口弧长是爆破切口

上弧长的一半为宜,切口弧长对应的圆心角在 50° 左右。

综合以上分析可以得到结论:

1) 当没有导向窗时,烟囱根部的受力横截面是一个完整的圆环,在抵抗外荷载变形时有较大的刚度,圆心角为 51° 的导向窗相对于无导向窗的情况下,其位移和应力都较大,至少在 1.5 倍以上,因此烟囱在与地面发生触地碰撞时更容易破坏解体,烟囱根部破碎效果更好。

2) 有导向窗时,当烟囱倾倒时,烟囱触地面变成了类似简支梁的条带薄壳结构,这样若干个条带薄壳与地面接触,导致它的强度降低。在触地的同时塌落体逐渐跨落,减小了整体对地面的冲击,延缓了大部分烟囱的下落时间,形成逐渐塌落,实现"软着陆"。

3) 不同圆心角对应的导向窗触地振动时其受力状态呈现出不同的变化趋势,随着圆心角的增大,上半圆弧内特征点的位移增大,应力减小。因此,从安全经济角度出发,导向窗宽度对应的圆心角既不能太大,以免在爆破前破坏烟囱整体结构的稳定性,也不能太小,以免增大施工成本。结合济宁、铜陵等烟囱成功爆破的工程经验,在满足整体结构的安全稳定性的前提条件下,切口弧长对应的圆心角在 50° 左右(南昌 51°,济宁 52°,铜陵 49°),导向窗高度约为爆破切口上弧长的一半。

第3章　高耸构筑物精确延时控制
爆破拆除技术

3.1　引　言

随着爆破工程规模的日益扩大,控制爆破中延时误差对爆破效果的影响相应变大,因此对爆破延时精度的要求也将越来越高。采用传统起爆技术难以达到延时绝对精确的目的,不能适应爆破技术发展的需要,而电子雷管起爆系统延时的准确性却能满足爆破技术发展和爆破工程应用的需要。因此,迫切需要针对高耸构筑物周围环境和结构本身的特殊性,开发高耸构筑物爆破拆除电子数码雷管起爆技术,实现高精度起爆时序控制,为精确爆破设计、爆破效果控制提供技术支持。

3.2　电子雷管技术及机理

自瑞典化学家艾尔弗雷德·诺贝尔19世纪60年代发明雷管和工业炸药到20世纪的一百多年来,随着时代和科学技术的进步,爆破规模、爆炸工艺与爆破器材迅速发展,与此同时起爆技术也得到巨大的提高。但是在爆破工程中工业炸药和爆破器材等危险品的大量使用,许多不利因素的影响导致爆破作业事故仍时有发生,给国家和人民群众的生命财产安全带来重大损失。为了防止爆破事故的发生,大量研究工作者对爆破事故的原因、机理进行研究,采取了必要的安全技术措施。目前工程爆破中常用的工业雷管有电雷管和非电雷管等,也相继提出各种爆破安全规程以及起爆技术,如火雷管起爆技术、电雷管起爆技术、导爆索起爆技术及塑料导爆管起爆技术等。20世纪80年代以来,工业雷管发展迅速,各种新品种、新技术不断涌现,如新型工业安全雷管、数码电子雷管,以及耐高低温、耐油及高强度的导爆管等,其中数码电子雷管等一系列新品种,目前在国外大量推广使用,在国内一些高要求高精度的爆破工程中也开始逐步被应用。

3.2.1　电子雷管简介及国内外应用现状

电子雷管是一种采用微电子芯片取代普通电雷管中的化学延期药与电点火元件的新型电雷管,可以任意设定延期时间并准确实现延时,不仅可以控制通往引火头的电源,而且可以大大提高延时精度,能达到起爆延时控制的零误差。

图3-1是500 ms、520 ms段别传统火延期雷管与电子雷管的发火时刻正态分布图[91]。可见,两段火雷管(20 ms间隔)的延期发火误差分布已发生重叠,实际应用中有可能发生"跳段"起爆,而同样两段电子雷管的发火误差分布范围非常小,绝对不会发生"跳段"事故。此外,传统火延期雷管的段别越高,其标准延期误差越大,而新型电子雷管的延期发火误差,与其设定的段别高低几乎无关。

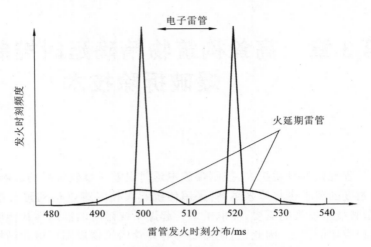

图 3-1　两种雷管发火误差的正态分布

20 世纪 80 年代初,人们开始电子雷管技术的研发;80 年代中期是电子雷管技术与产品研究开发和应用试验阶段;90 年代后,澳大利亚 Orica 公司、瑞典 Dynamit Nobel 公司、日本旭化成工业公司、南非 AEL 公司和法国 Davey Bickford 公司等都研制开发出了新型电子雷管[91-95],电子雷管技术取得了较快发展。图 3-2 为几种电子雷管示意图。

（a）Orica 公司的 I-Kon™ 电子雷管

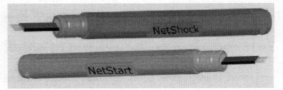

（b）AEL 公司的电子雷管

图 3-2　电子雷管示意图

1985～1988 年冶金部安全环保研究院研制了我国第一代电子雷管,如图 3-3 所示。目前,北京北方邦杰科技发展有限公司自主研发的"隆芯 1 号"(电子雷管专用集成电路)已研制成功。贵州久联民爆器材发展股份公司的电子雷管在 2006 年 5 月通过了技术鉴定。

随着电子雷管技术的进步,爆破工程实用化也越来越多。Orica 公司的 I-Kon™ 电子雷管于 2001 年 7 月在加拿大进行了地下矿山的大型卸压爆破；Orica 公司 I-Kon™ 电子起爆系统在中国三峡围堰爆破拆除中应用。美国 Douglas A. Bartley 等对电子雷管的现场应用进行了大量的探讨。国内首次应用"隆芯 1 号"数码电子雷管是在杭州钱塘江引水入城工程中，一共进行了 18 次全隧洞掘进工程并获得圆满成功。

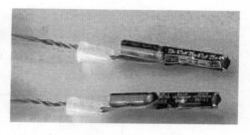

图 3-3 我国第一代电子雷管的延期体

3.2.2 电子雷管及其起爆系统

3.2.2.1 电子雷管

电子雷管由传统瞬发雷管、外挂电子控制电路构成，包括普通瞬发电雷管，防静电、射频的塞子，微芯片，储能电容，起爆能力与传统延期药雷管相同，如图 3-4 所示。图 3-5 是电子雷管的基本控制原理图，电子雷管采用通信线和供电线复用。其中控制电路是电子雷管的核心控制部分，进行电子雷管起爆所需各项工作的协调管理。电子雷管与传统延期雷管主要的不同是管壳内部的延期结构和延期方式。传统的电雷管是一根电阻丝和一个引火头，点火电流通过时，电阻丝加热引燃引火头和邻近的延期药，由雷管的延期药长度来决定延期时间；电子雷管取消了发火感度较高的延期药，采用电子延期芯片，因此，电子雷管的生产更加安全。

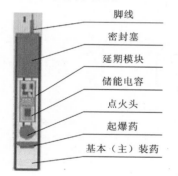

图 3-4 电子雷管结构示意图

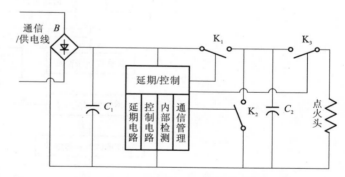

图 3-5 电子雷管的基本控制原理图

电子雷管具有下列技术特点：

1）电子延时集成芯片取代传统延期药，雷管发火延时精度高，准确可靠，有利于控制爆破效应。

2）前所未有地提高了雷管生产、储存和使用的技术安全性。

3）延时的准确性，有利于控制爆破倒塌的精确，提高爆破效果。

4）使用雷管不必担忧段别出错，操作简单快捷。

5）可以实现雷管的国际标准化生产和全球信息化管理。

3.2.2.2 电子雷管起爆系统

各个公司生产的电子雷管不同，起爆系统也各不相同。以"隆芯 1 号"数码电子雷管为例,电子雷管起爆必须用铱钵起爆系统,其核心部件为电子控制器。该起爆系统由铱钵起爆器和铱钵表两级设备构成:铱钵起爆器是系统唯一可以起爆雷管网路的设备,控制电子雷管起爆流程的全过程;铱钵表负责电子雷管网路测试、在线编程、联网注册和网路通信。图 3-6 为起爆系统网路结构示意图。图 3-7 为爆破作业标准操作流程。

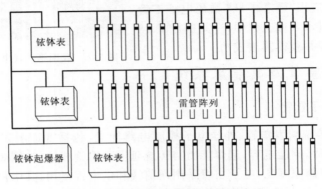

图 3-6　铱钵起爆系统网路结构示意图

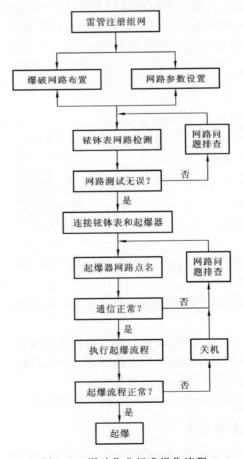

图 3-7　爆破作业标准操作流程

3.2.2.3　电子雷管及其起爆系统的安全性

电子雷管本身的安全性,主要取决于它的发火延时电路[96-98]。电子雷管的引火头点燃,除受电控制外,关键是受一块控制电阻、电容、晶体管等传统元件工作的可编程芯片的微型控制器控制,在起爆网路中只接收起爆器发送的数字信号。

电子雷管及其起爆系统采用专用软件,发火体系是可检测的[97-98]。铱钵起爆系统通过延期时间、检测常规性能、静电感度、振动、可靠性等试验,确定"隆芯 1 号"数码电子雷管的作用可靠性和安全性。

电子起爆系统中编码器能对雷管和起爆回路的性能进行检测,自动识别线路中的短路和断路情况,能用来读取数据,工作电压和电流很小,不会出现导致雷管引火头误发火的电脉冲,传统的电雷管接在编码器上不会起爆。编码器的软件不含雷管发火的必要命令,即使编码器出现错误,也不会使雷管发火。编码器能自动监测正常雷管和缺陷雷管的 ID 码,并在显示屏上将每个错误告知其使用者。只有错误得到纠正且得到编码器确认后,整个起爆网路才可能被触发。电子雷管起爆网路需要复合数字信号才能组网和发火,经计算,杂散电流误触电子雷管发火程序的概率是 $1/16 \times 10^8$。电子雷管起爆系统为爆破技术领域开创了新纪元。

3.3　起爆网路设计及可靠性分析

3.3.1　起爆网路可靠性理论

3.3.1.1　起爆网路可靠度和影响因素

起爆网路可靠度是在规定的时间内和规定条件下完成起爆、延时等预订功能的概率[99]。起爆网路的可靠度有两种:相对可靠度和绝对可靠度。相对可靠度是指在网路的正常设计、使用和敷设的条件下起爆网路的可靠度,是不同起爆网路形式进行比较的指标值。绝对可靠度是指除了按正常条件因素外,还要考虑各种影响因素综合作用的网路系统可靠度,如起爆元件、网路中漏接、错接等人为过失,是起爆网路的实际可靠度。定义中规定的时间,是指网路从开始敷设到完成其预定功能的设计基准期。

起爆网路系统的可靠度由起爆元件(器材)自身的可靠度、起爆网路敷设(连接)形式、网路敷设工艺、施工技术管理四个因素决定。除网路敷设形式具有确定性外,其余三项均是随机性因素。由于网路敷设工艺及施工技术管理两项均属人为形成的随机事件,目前没有科学的量化方法,所以可靠度计算实际上主要是计算网路敷设形式和起爆元件所决定的起爆网路概率。

3.3.1.2　起爆网路系统可靠性模型

起爆网路系统常用的最基本的四种可靠性模型:可靠性串联系统、可靠性并联系统、可靠性串并联系统、可靠性并串联系统。

1）可靠性串联系统

可靠性串联系统中组成系统的各个分系统的可靠性不是相互独立的,任何一个分系统（或元件）失效,都会引起整个系统失败。可靠性串联系统逻辑图见图 3-8。

在可靠性串联系统中,系统与元件之间的物理关系为

$$R_\mathrm{S} = \prod_{i=1}^{n} R_i \tag{3-1}$$

式中: R_i 为第 i 个分系统的可靠度; R_S 为串联系统的可靠度。

2）可靠性并联系统

可靠性并联系统中各分系统的可靠性是相互独立的,当组成系统的所有分系统都失效时,系统才失效。

可靠性并联系统逻辑图见图 3-9,在可靠性并联系统中,

$$R_\mathrm{S} = 1 - \prod_{i=1}^{n} (1 - R_i) \tag{3-2}$$

式中: R_i 为第 i 个分系统的可靠度; R_S 为并联系统的可靠度。

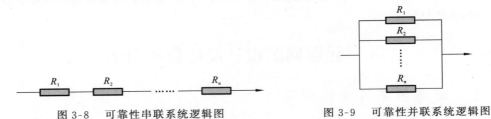

图 3-8　可靠性串联系统逻辑图　　　　图 3-9　可靠性并联系统逻辑图

3）可靠性串并联系统

可靠性串并联系统逻辑图见图 3-10,在可靠性串并联系统中,

$$R_\mathrm{S} = \prod_{i=1}^{n} \Big[1 - \prod_{j=1}^{L} (1 - R_{ij}) \Big] \tag{3-3}$$

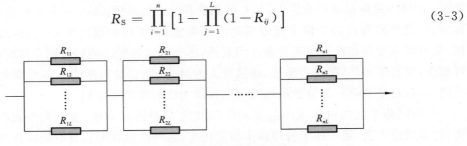

图 3-10　可靠性串并联系统逻辑图

4）可靠性并串联系统

可靠性并串联系统逻辑图见图 3-11,在可靠性并串联系统中,

$$R_\mathrm{S} = 1 - \prod_{i=1}^{L} \Big[1 - \prod_{j=1}^{n} R_{ij} \Big] \tag{3-4}$$

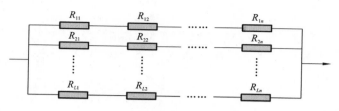

图 3-11　可靠性并串联系统逻辑图

3.3.1.3　常用的几种起爆元件的可靠度

常用的几种起爆元件的可靠度见表 3-1。

表 3-1　常用的几种起爆元件的可靠度[100]

元件及节点名称	可靠度指标	置信度	数据来源
导爆管	0.968 3	0.95	本钢南芬露天矿
导爆管雷管	0.961 2	0.95	本钢南芬露天矿
传爆雷管–导爆管	0.994 3	0.95	抚顺煤研院
反射四通接头	0.984 3	0.95	自测
导爆索	0.999 0	0.90	火工品可靠性的评估
导爆索–导爆管传爆点	0.984 3	0.90	自测
电子数码雷管	0.999 9	0.95	自测
区域铱钵表	0.999 9	0.95	自测
铱钵起爆器	0.999 9	0.95	自测

注：表中以长度为 20 m 的导爆管作为一单元的可靠度值；以长度为 50 m 的导爆索为一单元的可靠度值。

3.3.2　起爆网路设计

烟囱作为高耸构筑物，由于本身结构的特殊性，同时考虑周围建筑物和设施较多，为避免在起爆时起爆网路出现问题而造成烟囱爆而不倒、倒向失控，危及周围建筑物和设施的安全，必须对起爆网路的可靠性进行计算与分析，选择可靠度较高的起爆网路。

根据目前爆破工程中常用的非电起爆网路形式及电子数码雷管起爆网路，将爆破拆除起爆网路初步设计了三种方式：

1）单式导爆管雷管接力式簇并联起爆网路（图 3-12）。该起爆网路系统由起爆雷管、孔外传爆雷管和孔内起爆雷管组成，首先由一个导爆雷管起爆 m 个传爆导爆管雷管，然后，m 个雷管中的每一个雷管再起爆 k 个雷管，直至起爆所有炮孔中的每个雷管。

2）复式导爆管雷管接力式簇并联起爆网路（图 3-13）。该起爆网路是在单式导爆管雷管接力式簇并联起爆网路系统的基础上，为提高传爆节点雷管传爆的可靠性，将单式起爆网路中的每一个传爆节点的传爆雷管增加为 2 个。

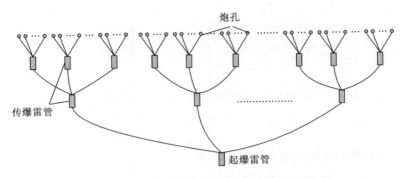

图 3-12　单式导爆管雷管接力式簇并联起爆网路

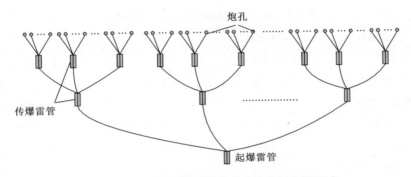

图 3-13　复式导爆管雷管接力式簇并联起爆网路

3）电子数码雷管起爆网路(图 3-14)。起爆网路中所有电子数码雷管分区并联到一区域线上,连入起爆系统。起爆系统由主从起爆控制器两级设备构成:主设备——铱钵起爆器,用于电子雷管起爆流程的全流程控制,是系统唯一可以起爆雷管网路的设备;从设备——铱钵表,是用于实现电子雷管连网注册、在线编程、网路测试和网路通信的专用设备。

3.3.3　起爆网路系统可靠性计算与分析

系统的可靠性模型是指系统的可靠性逻辑图和一个或几个数学表达式,它能表示系统的可靠性与其起爆元件的可靠性之间的关系。建立系统的可靠性模型需要对起爆网路系统进行可靠性分析和可靠度计算。建立系统可靠性模型首先将系统分为若干个元件,然后画出系统的可靠性逻辑图,最后建立系统的可靠性数学模型。

起爆网路系统的关键环节应为网路系统中所有各分系统中最后一个最小分支(或炮孔)的最小值。最小分支是构成起爆网路的基本单元[101],整个起爆网路系统的最薄弱环节是按所有各分系统最小分支计算得到相对可靠度的最小值,它的可靠性特征决定了网路的可靠性特征,并且其可靠度的高低,准确地反映网路的可靠性。起爆网路系统可靠度的判据是采用网路系统中最小分支的最小值来评价的。图 3-15 中分别为单式导爆管雷管簇并联起爆网路、复式导爆管雷管簇并联起爆网路和电子数码雷管起爆网路系统可靠性逻辑图。

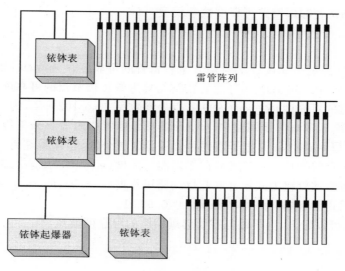

图 3-14　电子数码雷管起爆网路

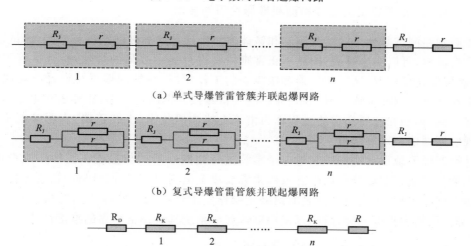

（a）单式导爆管雷管簇并联起爆网路

（b）复式导爆管雷管簇并联起爆网路

（c）电子数码雷管起爆网路

图 3-15　起爆网路系统可靠性逻辑图

　　根据初步设计的三种起爆网路系统的最小分支系统可靠性逻辑图（图 3-15），得到起爆网路可靠度的计算模型。

　　1）单式导爆管雷管接力式簇并联起爆网路可靠度数学模型：

$$R_S = \prod_{i=1}^{n} (R_J \cdot r) \cdot R_J \cdot r = R_J^{n+1} \cdot r^{n+1} \tag{3-5}$$

　　2）复式导爆管雷管接力式簇并联起爆网路可靠度数学模型：

$$R_S = \prod_{i=1}^{n} [R_J \cdot (2r - r^2)] \cdot R_J \cdot r = R_J^{n+1} \cdot r^{n+1} \cdot (2-r)^n \tag{3-6}$$

3）电子数码雷管起爆网路可靠度数学模型：

$$R_S = \prod_{i=1}^{n} R_K \cdot R_D \cdot R \tag{3-7}$$

式中：R_S 为起爆网路的可靠度；r 为导爆管毫秒雷管的可靠度，$r = 0.9612$；R 为电子数码雷管的可靠度，$R = 0.9985$；R_J 为导爆管雷管与导爆管传爆节点的可靠度，$R_J = 0.9834$；R_D 为铱钵起爆器的可靠度，$R_D = 0.9999$，以上参数见文献[102]；R_K 为区域铱钵表的可靠度，$R_K = 0.9999$。非电起爆网路中，n 是导爆管起爆网路内最小分支传爆节点的阶数，电子数码雷管起爆网路中，n 是电子数码雷管所分区域个数，经计算得到：

1）单式导爆管雷管接力式簇并联起爆网路可靠度（$n = 3$）：$R_S = 0.8343$。
2）复式导爆管雷管接力式簇并联起爆网路可靠度（$n = 3$）：$R_S = 0.9352$。
3）电子数码雷管起爆网路可靠度：$R_S = 0.9991$。

从计算结果可以看出，电子数码雷管起爆网路的可靠度最高。

3.3.4　铱钵起爆网路可靠性技术分析

3.3.4.1　电子雷管的在线检测和准爆性识别技术

爆破网路测试是使用铱钵起爆器和铱钵表对已连接的爆破网路进行检测，测试正常，转入起爆流程，可以实施爆破；测试不正常则需要进行显示故障的排除，检查雷管工作状况、爆破网路连接情况、铱钵起爆器和铱钵表的工作状况。铱钵起爆系统设计有网路上的雷管工作状态检测和上线注册技术。隆芯电子雷管接入网路过程中，铱钵表对电子雷管实现上线检测、识别和注册登记的过程称为雷管上线注册技术。上线正确，表明该电子雷管能实现组网通信和可靠起爆。

铱钵起爆系统设计有铱钵表对电子雷管进行功能性测试与检查在线检测检查功能。在装入炮孔或制作起爆药包前隆芯数码雷管要逐个检测，只有检测合格的雷管才能联网。在起爆网路连接后，可通过铱钵表的网络化操作实现爆破网路的高安全性和可靠性功能检测，确认网路中雷管的完好性，以确保铱钵起爆系统具有非常可靠的准爆性能。

3.3.4.2　抗非法起爆和抗强干扰技术

"隆芯1号"数码电子雷管通过数字密码技术、数字通信技术和数字指令式起爆技术，使雷管产品实现了先进的抗非法起爆性能。起爆系统采用两线制无极性双向数字编码通信，一个雷管一个密码，一个雷管一个编码，只有与雷管接收端的密码和编码一致时，才可实现雷管编程和接收起爆指令。电子雷管起爆网路数字编码通信使得网路具有非常好的抵抗强网路干扰性能和抵抗非法起爆性能。由于"隆芯1号"数码电子雷管的电路隔离作用和结构，杂散电流、静电、直流电源、220 V/50 Hz 交流电源影响不能直接作用于雷管的点火元件，以确保铱钵起爆系统具有良好的抗非法起爆和抗强干扰特性。

3.3.5　小结

通过对高耸构筑物爆破拆除三种起爆网路可靠性的计算与分析得到，复式导爆管雷管接力式簇并联起爆网路通过增加传爆节点上传爆雷管的个数,将其可靠度在单式导爆管雷管起爆网路的基础上提高了 10.09%。而电子数码雷管起爆网路铱钵起爆系统设计有铱钵表对电子雷管进行功能性测试与检查在线检测检查功能。在起爆网路连接后,可通过铱钵表的网络化操作实现爆破网路的高安全性和可靠性功能检测,确认网路中雷管的完好性,以确保铱钵起爆系统具有非常可靠的准爆性能,使其可靠度达到 99.91%,比复式导爆管雷管接力式簇并联起爆网路提高 6.39%,比单式导爆管雷管接力式簇并联起爆网路提高了 16.48%。

　　因此,结合高耸构筑物周围环境和结构本身的特殊性,为使其能够按照爆破拆除设计方案安全、准确地倒塌在预定范围内,可选用安全性好、可靠性高的电子雷管起爆网路系统进行实际爆破拆除。

3.4　精确延时控制爆破对爆破效果的影响分析

3.4.1　非电起爆网路系统的延时误差分析

　　毫秒雷管中延期药的装药偏差及延期药性质随气候环境和工艺条件的变化等,均可导致同一段毫秒雷管的延迟时间有一定偏差,它是酿成非电起爆网路系统存在延时误差的基本原因。当系统延时误差过大时就会产生重、串段现象,其结果增加了实际单响起爆药量,爆破振动增大,而且先爆炮孔抵抗线过大,对破碎质量不利,严重的会产生拒爆等恶劣后果。非电起爆网路的延时误差对起爆网路的可靠性有着重要的影响。

3.4.1.1　毫秒延期雷管跳段概率的计算

　　由于同一段毫秒雷管的实际延迟时间是服从正态分布的[103],其概率密度为

$$f(x) = \frac{1}{\sqrt{2\pi}\sigma} \exp\left\{-\frac{(x-\mu)^2}{2\sigma^2}\right\} \quad (\mu > 0, \sigma > 0) \tag{3-8}$$

式中:μ 为正态分布随机变量 X 的均值(数学期望);σ 为正态分布随机变量 X 的标准差。

　　我们知道,服从正态分布的随机变量 X 落在区间 $[\mu-3\sigma, \mu+3\sigma]$ 内的概率为 99.73%。例如,设 x_i 为第 i 段雷管的延迟时间测试值,x_{i+1} 为第 $i+1$ 段雷管延期时间测试值,且它们均服从正态分布。若假设能用样本均值 $\overline{X}$ 和样本标准差 S 来估计总体均值 μ 和总体标准差 σ,则有

$$x_i \sim N(\mu_i, \sigma_i), \quad x_{i+1} \sim N(\mu_{i+1}, \sigma_{i+1})$$

因此可以认为,相邻两段雷管在 $[\mu_i-3\sigma_i, \mu_i+3\sigma_i]$ 和 $[\mu_{i+1}-3\sigma_{i+1}, \mu_{i+1}+3\sigma_{i+1}]$ 范围内,概率密度相交时(图 3-16),该两段雷管可能发生跳段;反之,则认为不跳段。

　　如图 3-16 所示,设有两相邻段雷管可能发生跳段,则其区域为 $[\mu_{i+1}-3\sigma_{i+1}, \mu_i+3\sigma_i]$。在这个区域内,任意取两点 a 和 b,且设 $b > a$,若 a 为第 i 段雷管的延迟时间,b 为第 $i+1$ 段雷管的延迟时间,则这两段雷管将发生跳段。由于雷管样品的延迟时间是随机的,则抽到 a 为第 $i+1$ 段和 b 为第 i 段的概率各为 1/2;而 a 为第 $i+1$ 段的概率密度为 $f_{i+1}(a)$,

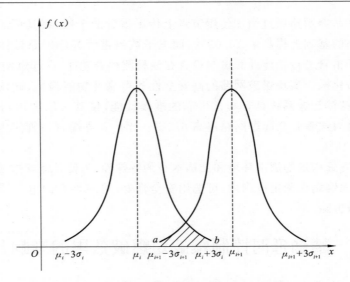

图 3-16　相邻段毫秒雷管延期时间正态分布示意图

b 为第 i 段的概率密度为 $f_i(b)$，则同时出现 a 为第 $i+1$ 段，b 为第 i 段的概率为

$$\frac{1}{2}f_{i+1}(a) \cdot f_i(b)$$

在区域 $[\mu_{i+1}-3\sigma_{i+1}, \mu_i+3\sigma_i]$ 内出现 a 为第 $i+1$ 段，b 为第 i 段的概率，即跳段概率

$$P = \iint\limits_{[\mu_{i+1}-3\sigma_{i+1}, \mu_i+3\sigma_i]} \frac{1}{2}f_{i+1}(a) \cdot f_i(b)\,\mathrm{d}a\mathrm{d}b$$

$$= \frac{1}{2}\int_{\mu_{i+1}-3\sigma_{i+1}}^{\mu_i+3\sigma_i} P_i(b)\,\mathrm{d}b \cdot \int_{\mu_{i+1}-3\sigma_{i+1}}^{\mu_i+3\sigma_i} P_{i+1}(a)\,\mathrm{d}a \tag{3-9}$$

其中

$$f_i(b) = \frac{1}{\sqrt{2\pi}\sigma_i}\exp\left\{-\frac{(b-\mu_i)^2}{2\sigma_i^2}\right\} \tag{3-10}$$

$$f_{i+1}(a) = \frac{1}{\sqrt{2\pi}\sigma_{i+1}}\exp\left\{-\frac{(a-\mu_{i+1})^2}{2\sigma_{i+1}^2}\right\} \tag{3-11}$$

计算两段雷管间的跳段概率，其结果见表 3-2 和表 3-3。

表 3-2　相邻段导爆管毫秒雷管（单发）的跳段概率

段别	秒量均值 /ms	标准差	两段雷管跳段概率
1	11.929	3.679	
2	31.683	7.117	0.036 328
3	53.183	9.220	0.198 2
4	78.080	11.006	0.241 9
5	115.977	16.427	0.162 0
6	156.591	15.353	0.223 8

续表

段别	秒量均值 /ms	标准差	两段雷管跳段概率
7	210.069	18.715	0.097 823
8	259.474	22.665	0.258 3
9	327.691	23.340	0.131 2
10	386.877	25.381	0.253 8
11	474.646	29.768	0.090 658
12	568.771	31.105	0.106 6
13	651.037	35.224	0.240 2
14	768.494	33.920	0.059 276
15	848.780	37.957	0.298 4

表 3-3　相隔两段毫秒雷管（单发）的跳段概率

两段雷管的段别	跳段概率	两段雷管的段别	跳段概率
1,3	$5.149\,1 \times 10^{-7}$	2,4	$1.447\,4 \times 10^{-4}$
3,5	$5.209\,3 \times 10^{-4}$	4,6	$2.136\,7 \times 10^{-8}$
5,7	$3.175\,8 \times 10^{-5}$	6,8	$2.415\,4 \times 10^{-5}$
7,9	$5.953\,1 \times 10^{-6}$	8,10	$4.354\,0 \times 10^{-5}$
9,11	$9.559\,0 \times 10^{-6}$	10,12	$5.645\,9 \times 10^{-7}$
11,13	$1.989\,9 \times 10^{-5}$	12,14	$1.327\,5 \times 10^{-7}$
13,15	$5.009\,8 \times 10^{-7}$		

比较表 3-2 和表 3-3，说明每孔单发雷管敷设实现微差爆破时，选取相邻两段毫秒雷管的跳段概率较大；而选取相隔两段雷管布设，跳段概率很小。

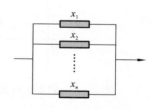

图 3-17　雷管并联网路图

若每孔两发以上雷管并联敷设，根据起爆元件的起爆特性，当 n（$n>1$）发延期雷管并联时，其延期时间是以其中延期时间最短者为准，如图 3-17 所示。

设 $x_1, x_2, \cdots, x_n$ 是 n 个相互独立的随机变量，且具有相同的分布函数 $F(x)$，

$$F(x) = \frac{1}{\sqrt{2\pi}\sigma} \int_0^x \exp\left\{-\frac{(t-\mu)^2}{2\sigma^2}\right\} \mathrm{d}t \quad (t>0) \tag{3-12}$$

则 $N_n = \min(x_1, x_2, \cdots, x_n)$ 的分布函数为

$$F_{\min}(x_n) = 1 - [1 - F(x)]^n \tag{3-13}$$

其对应的概率密度为

$$f_{\min}(x_n) = n \cdot f(x) \cdot [1 - F(x)]^{n-1} \tag{3-14}$$

即

$$f_{\min}(x_n) = n \cdot \frac{1}{\sqrt{2\pi}\sigma} \cdot e^{-\frac{(x-\mu)^2}{2\sigma^2}} \cdot \left[1 - \int_0^x \frac{1}{\sqrt{2\pi}\sigma} \cdot e^{-\frac{(t-\mu)^2}{2\sigma_2}} \, dt \right]^{n-1} \qquad (3\text{-}15)$$

式中：μ，σ 为已知数，可由其样本的均值和标准差近似估计。于是 N_n 的数学期望为

$$E(N_n) = \int_0^{+\infty} x \cdot f_{\min}(x_n) \, dx \qquad (3\text{-}16)$$

通过以上分析与计算，可归纳以下几点：

1）同段毫秒雷管随着雷管并联数的增加，其均值和方差逐渐减小（图 3-18，以两段为例）。

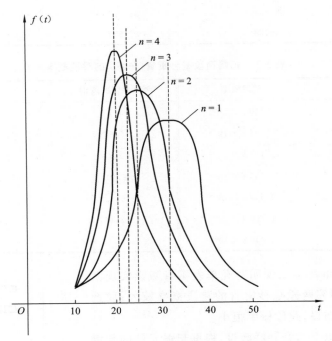

图 3-18　同段毫秒雷管（两段）概率密度 $f(t)$ 与雷管并联数 n 的变化关系曲线

2）相邻两段雷管的跳段概率随并联数的增加而减小（图 3-19 和图 3-20）。

3）相隔两段毫秒雷管段间的跳段概率很小，如 2，4 段雷管（双发）间的跳段概率为 4×10^{-9}。

3.4.1.2　非电导爆管接力式起爆网路系统各传爆点的延时分析

导爆管毫秒雷管的延时服从正态分布，且每一传爆雷管本身的延时是独立的，是导爆管接力式起爆网路产生延时误差的主要原因。而不同的网路形式则是产生传爆延时误差的直接原因。

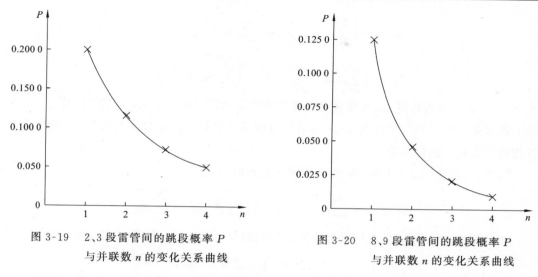

图 3-19   2、3 段雷管间的跳段概率 P
　　　　　与并联数 n 的变化关系曲线

图 3-20   8、9 段雷管间的跳段概率 P
　　　　　与并联数 n 的变化关系曲线

　　有限个相互独立正态随机变量的线性组合仍然具有正态分布的特性。若设 $x_1, x_2, \cdots, x_n$ 和 $y_1, y_2, \cdots, y_n$ 分别来自正态总体 $N(a_1, \sigma_1^2)$ 和 $N(a_2, \sigma_2^2)$ 的一个样本,且它们相互独立,统计量 U 是样本 x_i 的线性函数,统计量 V 是样本 y_i 的线性函数:

$$U = \sum_{i=1}^{n} x_i, \quad V = \sum_{i=1}^{m} y_i$$

则有

$$U \sim N(na_1, n\sigma_1^2)$$

$$V \sim N(ma_2, m\sigma_2^2)$$

$$U \pm V \sim N(na_1 \pm ma_2, n\sigma_1^2 + m\sigma_2^2)$$

根据上述定理,可以求出图 3-21 起爆网路中各个传爆节点的起爆延时。

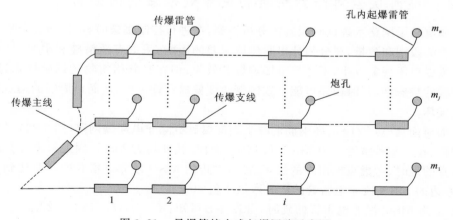

图 3-21   导爆管接力式起爆网路示意图

　　第 j 排,第 i 个传爆节点上延时 t_{ji},满足正态分布,即

$$t_{ji} \sim N \left(\sum_{K=1}^{j-1} t_{dK} + \sum_{I=1}^{i} t_{dI}, \sum_{K=1}^{j-1} \sigma_K^2 + \sum_{I=1}^{i} \sigma_I^2 \right) \tag{3-17}$$

$$t_{ji} = \left(\sum_{K=1}^{j-1} t_{dK} + \sum_{I=1}^{i} t_{dI} \right) \pm \sqrt{\sum_{K=1}^{j-1} t_{OK}^2 + \sum_{I=1}^{i} t_{OI}^2}$$

式中：t_{dK}，t_{dI} 分别为传爆主、支线路上各传爆雷管延时的均值；t_{OK}，t_{OI} 分别为传爆主、支线路上各传爆雷管延时置信度为 95% 的置信区间的边界值；σ_K，σ_I 分别为传爆主、支线路上各传爆雷管延时的标准差。

同理，可求出第 $j+1$ 排，第 K 个传爆节点延时 $t_{j+1,K}$

$$t_{j+1,K} = \left(\sum_{K=1}^{j} t_{dK} + \sum_{I=1}^{K} t_{dI} \right) \pm \sqrt{\sum_{I=1}^{i} t_{OK}^2 + \sum_{I=1}^{K} t_{OI}^2} \tag{3-18}$$

当传爆主（支）线上所有传爆雷管段别均相同时，式（3-17）和式（3-18）可转化为

$$t_{ji} = \left[(j-1) t_{dK} + i t_{dI} \right] \pm \sqrt{(j-1) t_{OK}^2 + i t_{OI}^2} \tag{3-19}$$

$$t_{j+1,K} = \left[j t_{dK} + K t_{dI} \right] \pm \sqrt{j t_{OK}^2 + K t_{OI}^2} \tag{3-20}$$

设相邻两排对应传爆节点的起爆时差 $\Delta t = t_{j+1,K} - t_{ji}$，则

$$\Delta t \sim N \left[(K-i) t_{dI} + t_{dK}, (K+i) \sigma_I^2 + \sigma_K^2 \right]$$

$$\Delta t = (K-i) t_{dI} + t_{dK} \pm \sqrt{(K+i) t_{OI}^2 + t_{OK}^2} \tag{3-21}$$

故前、后排传爆节点发生串段的情况，可用下式表达。当 $K \geqslant i$ 时，$\Delta t < 0$，即

$$(K-i) t_{dI} + t_{dK} - \sqrt{(K+i) t_{OI}^2 + t_{OK}^2} < 0 \tag{3-22}$$

式中：符号意义同前。

综上所述，根据式（3-22）可以判定不同的导爆管接力式起爆网路前、后排能否出现串段及其可能发生串段的部位。

3.4.2 延时误差对高耸构筑物倒塌效果影响的分析

对非电起爆网路系统延时误差的分析得到，在进行控制爆破时，可以通过合理地选择毫秒雷管的段别和数量，充分估计串联传爆误差的影响，采取有效措施和手段，尽可能地避免重段或串段现象发生，不致严重影响爆破效果，但在高耸构筑物的爆破拆除过程中，由于结构的特殊性，延时误差可能导致倾倒角度偏离设计范围，从而对周围的构筑物和设施造成破坏。

下面对南昌电厂 210 m 高钢筋混凝土烟囱爆破拆除非电起爆网路（图 3-22）进行延时误差分析。孔内毫秒雷管分为 MS-1 和 MS-3 两段，孔外均为 MS-1，因此只需要分析孔内雷管本身的延时。考虑可能出现的最坏情况，右边的 MS-3 段非电雷管的延时达到最大值 60，而左边的 MS-3 段非电雷管的延时取最小值 40。

设 X 为 MS-3 段非电雷管的延时，由表 3-2 可知，$X \sim N(53.183, 9.22)$，

$$P\{59 < X \leqslant 60\} = \Phi\left(\frac{60-53.183}{9.22}\right) - \Phi\left(\frac{59-53.183}{9.22}\right)$$

$$= \Phi(0.74) - \Phi(0.63) = 0.034\,6$$

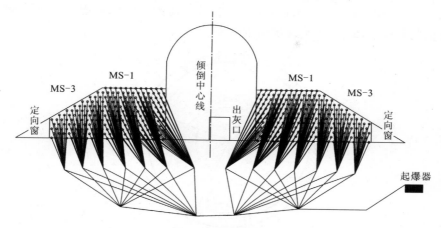

图 3-22　起爆网路

$$P\{40 < X \leqslant 41\} = \Phi\left(\frac{41 - 53.183}{9.22}\right) - \Phi\left(\frac{41 - 53.183}{9.22}\right)$$

$$= \Phi(1.43) - \Phi(1.32) = 0.017$$

$$P\{59 < X \leqslant 60\} \cdot P\{40 < X \leqslant 41\} = 0.000\,59$$

设计中,根据烟囱的周围环境条件,为保证东侧铁路的安全,烟囱的倾倒方向为南偏西 $4°$,允许倾倒的范围为 $\pm 15°$。烟囱开口角 β 取 $215°$,则对应爆破开口弧度为 $L = R(215/180)\pi = 34.58\,\text{m}$,$R = 9.22\,\text{m}$。

由图 3-23 中爆破切口尺寸及炮孔布孔位置,可以计算出当右边 III 区已爆,而左边 III 区还未爆时,会改变烟囱的开口角度及位置,因此导致倾倒方向发生变化。

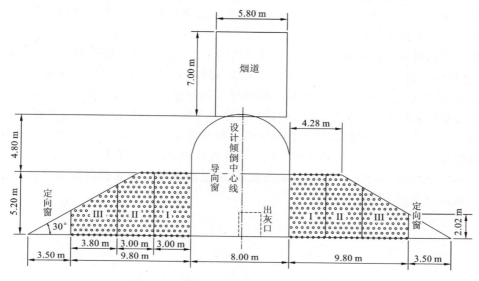

图 3-23　爆破切口尺寸及炮孔布孔示意图

由 $L = R(\beta/180)\pi = 27.30$ m，$R = 9.22$ m，得到 $\beta = 170°$，如图 3-24 所示倾倒方向偏离原方向的角度为23°，超出允许倾倒范围 8°。

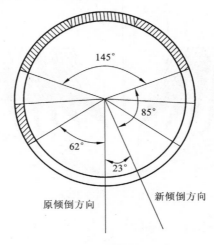

原倾倒方向　　　　　　新倾倒方向

图 3-24　烟囱开口角度

3.4.3　精确延时控制爆破对爆破效果的影响

数码电子雷管可以随意设定并准确实现延期发火时间，具有雷管发火延时精度高、准确可靠、延期时间可灵活设定的技术特点。电子雷管延时控制误差达到微秒级。对爆破工程来说，电子雷管实际上已经达到起爆延时控制的零误差，而由本章 3.4.2 节对南昌电厂 210 m 高钢筋混凝土烟囱爆破拆除非电起爆网路的延时误差分析可知，延时误差可能导致其倾倒角度超出允许倾倒范围 8°，实现了高精度起爆时序控制，为精确爆破设计、爆破效果控制提供了技术支持。

炮孔的起爆顺序是直接影响综合爆破效果的一个关键参数。孔间起爆先后顺序的偏差，可能导致岩石破碎效果恶化，出现大量大块，爆破地震加大，空气冲击波加强，增加二次爆破量，以及铲装和破碎成本。爆破精确延时可以使爆破的炸药能量利用得到优化，炮孔起爆和抵抗线得到精确控制，岩石破碎与块度尺寸均一性获得改善，挖掘和破碎生产能力提高，破碎和铲装成本降低。基于精确延时的控制爆破技术明显改善了综合爆破效果，对于拆除爆破，由于电子雷管起爆网路的高可靠性和精确分段，降低了爆破振动对结构本身和周围环境的影响，取得了很好的爆破效果，为复杂环境下拆除爆破延期时间、倒塌方向的精确控制提供了保证。

第4章　高耸构筑物爆破拆除数值模拟研究

4.1　引　　言

本章对钢筋混凝土烟囱与冷却塔的爆破拆除倒塌受力和运动进行了计算分析,通过整体式建模,以及对烟囱与冷却塔的结构倒塌过程的模拟,在爆破前对倒塌过程、效果进行预测,指导工程设计,爆破后对模拟结果和实际进行对比,为类似工程提供参考。

4.2　动力有限元分析方法

对高耸构筑物爆破拆除中失稳断裂分析问题,如前冲后坐问题、承载面的破坏受力分析、烟囱倾倒时筒体上部过早断裂及断裂解体等,都能在给定边界条件下求解其常微分方程或偏微分方程解;几何边界相当规则,且方程性质比较简单的少数问题能用解析方法求出精确解。对于许多工程技术问题,由于物体某些特征是非线性的和几何形状较复杂,则很少有解析解。人们通常引入简化假设,将方程和边界条件简化为能够处理的问题。但过多的简化可能导致错误的解。随着计算机技术的发展,人们在广泛吸收力学理论和现代数学的基础上,借助计算机数值模拟技术来获得满足工程要求的数值解,数值模拟技术是现代工程学形成和发展的重要推力之一。

4.2.1　ANSYS 简介

ANSYS 软件是通用大型有限元分析(FEA) 软件,由美国 ANSYS 公司研制,能够研究结构、电磁场、声、流体、热等学科。在核工业、铁道、石油化工、航空航天、机械制造、能源、土木工程、地矿、水利等领域有着广泛应用。在世界的各行各业,ANSYS 获得了广泛应用并取得了成功,多年来一直在有限元分析软件中排名第一,是通过了美国核安全局、美国机械工程师协会及近 20 种专业技术协会认证的标准分析设计类软件,是第一个通过 ISO9001 质量认证的分析设计类软件。ANSYS 在中国也获得了广泛的认可和应用,它是唯一被中国铁路机车车辆总公司选定使用的有限元分析软件。

4.2.2　非线性瞬态分析有限元基本理论与方法

有限单元法将一组多自由度的常微分方程代换数理方程,再将时间域离散,得到线性代数方程组。有限单元法用于动态计算的特点是对时域、空域的双重离散,伽辽金法和虚功原理是得到有限元单元解通用的方法。若以等价体力来表达质量惯性力项的负值,即有

$$f_x = -\rho \ddot{U}_X, \quad f_y = -\rho \ddot{U}_Y, \quad f_z = -\rho \ddot{U}_Z \tag{4-1}$$

f_x、f_y、f_z 为 x、y、z 方向的体力,则任一时刻的动态平衡,也即波动方程必须满足虚功原理,即有

$$\int_v \sigma_{ij} \delta_{ij} \,\mathrm{d}v = \int_v f_i \delta u_i \,\mathrm{d}v + \int_v P_i \delta u_i \,\mathrm{d}v + \int_s \overline{T_i} \delta u_i \,\mathrm{d}s \tag{4-2}$$

式中:σ_{ij} 为内力;P_i 为作用在单元节点上的外力体力;$\overline{T_i}$ 为沿表面边界面积上的面力;δ 为变分符号。

设位移、速度和加速度的内插形函数相同,则

$$\{u\} = [N]\{u_n\} \tag{4-3}$$

$$\{\dot{u}\} = [N]\{\dot{u}_n\} \tag{4-4}$$

$$\{\ddot{u}\} = [N]\{\ddot{u}_n\} \tag{4-5}$$

式中:u 指单元的位移;N 是内插形函数;下标 n 表示第 n 节点的位移。

对动态问题较适用的变分原理是哈密顿(Hamilton)原理,其中的泛函是拉格朗日(Langrange)泛函 L,其定义为

$$L = T - (U + W_P) \tag{4-6}$$

式中:T 是动能;U 是变形能;W_P 是外荷载的位能;U 和 W_P 的总和为弹性体的总位能 Π,由于

$$\{\sigma\} = [D]\{\varepsilon\} \tag{4-7}$$

显然有

$$\Pi = \frac{1}{2} \int_v (\{\varepsilon\}^T [D]\{\varepsilon\} - 2\{u\}^T \{P\}) \,\mathrm{d}v - \int_s \{u\}^T \{\overline{T}\} \,\mathrm{d}s \tag{4-8}$$

同样,采用矩阵记号后的动能密度为

$$\frac{1}{2} \rho \{\dot{u}\}^T \{\dot{u}\} \tag{4-9}$$

于是,对于线弹性体,式(4-6)中的泛函可按式(4-8)和式(4-9),也以矩阵形式表示为

$$L = \frac{1}{2} \int_v (\{\varepsilon\}^T [D]\{\varepsilon\} - 2\{u\}^T \{P\}) \,\mathrm{d}v + 2 \int_s \{u\}^T \{\overline{T}\} \,\mathrm{d}s \tag{4-10}$$

将哈密顿原理写为

$$\delta \int_{t_1}^{t_2} L \,\mathrm{d}t = 0 \tag{4-11}$$

上式可叙述如下:在满足协调性条件、约束或运动边界条件,以及在时间 t_1 与 t_2 内所有可能的位移随时间变化的解中,使拉格朗日泛函取最小值的解为真实解。

在瞬态问题中,位移、速度、应变以及荷载都是时间的函数,采用插值位移模式,有

$$\{\varepsilon\} = [B]\{u_n\} \tag{4-12}$$

和

$$\{\sigma\} = [D][B]\{u_n\} \tag{4-13}$$

式中:$[B]$ 是几何矩阵;$[D]$ 是弹性矩阵。

各式代入式(4-10),于是得到

$$L = \frac{1}{2} \int_v \left(- \{u_n\}^T [B]^T [D][B]\{u_n\} + \rho \{\dot{u}_n\}^T [N]^T[N]\{\dot{u}_n\} + 2\{u_n\}^T [N]^T\{P\} \right) \mathrm{d}v$$

$$+ \int_s \{u_n\}^T [N]^T\{\overline{T}\} \mathrm{d}s \tag{4-14}$$

利用变分原理式(4-11),可得

$$\int_{t_1}^{t_2} \left(\{\delta u_n\}^T \int_v [B]^T[D][B]\mathrm{d}v\{u_n\} - \{\delta \dot{u}_n\}^T \int_v \rho [N]^T[N]\mathrm{d}v\{\dot{u}_n\} \right.$$

$$\left. - \{\delta u_n\}^T \int_v [N]^T\{P\}\mathrm{d}v - \{\delta u_n\}^T\{\overline{T}\} \right) \mathrm{d}s\mathrm{d}t = 0 \tag{4-15}$$

将第二项对时间分部积分,得到

$$\int_{t_1}^{t_2} \{\delta \dot{u}_n\}^T \int_v \rho [N]^T[N]\mathrm{d}v\{\dot{u}_n\} \mathrm{d}t$$

$$= \left[\{\delta u_n\}^T \int_v \rho [N]^T[N]\mathrm{d}v\{\dot{u}_n\} \right]_{t_1}^{t_2} - \int_{t_1}^{t_2} \{\delta u_n\}^T \int_v \rho [N]^T[N]\mathrm{d}v\{\ddot{u}_n\} \mathrm{d}t \tag{4-16}$$

按照哈密顿原理,位移形态在 t_1 与 t_2 时刻必须满足给定的条件,这样,由于 $\{\delta u_n(t_1)\} = \{\delta u_n(t_2)\} = 0$,所以上式右端第一项应为零,将剩下的右端第二项代入式(4-15)即得

$$\int_{t_1}^{t_2} \{\delta \dot{u}_n\}^T \left(\int_v \rho[N]^T[N]\mathrm{d}v\{\ddot{u}_n\} + \int_v [B]^T[D][B]\mathrm{d}v\{u_n\} - \int_v [N]^T\{P\}\mathrm{d}v - \int_s [N]^T\{\overline{T}\} \right) \mathrm{d}t = 0 \tag{4-17}$$

因为节点位移的变分 $\{\delta u_n\}$ 是任意的,所以上式括号内的表达式必须为零。如再记入与位移速度 $\{\dot{u}_n\}$ 呈线性关系的黏性阻尼项 $[C]\{\dot{u}_n\}$,就得到以下的单元运动方程,即动态分析要求解的方程:

$$[m]\{\ddot{u}_n\} + [C]\{\dot{u}_n\} + [k]\{u_n\} = \{F\} \tag{4-18}$$

此处,$[k]$ 和 $\{F\}$ 是按照通常方式定义的单元刚度矩阵和荷载矢量,而 $[m]$ 则是按下式定义的一致质量矩阵:

$$[m] = \int_v \rho [N]^T[N]\mathrm{d}v \tag{4-19}$$

用式(4-19)计算的单元质量矩阵,称为一致质量矩阵,在用 ANSYS 计算时,一般采用一致质量矩阵。这个矩阵是正定的对称矩阵,单元的动能总为正,因为单元节点速度是非零矢量。采用一致质量矩阵能比较精确地计算惯性力的影响,但是总体质量矩阵 $[M]$(由一致质量矩阵组成)非零元素数量和位置与总体刚度矩阵一样,需要很多存储单元,并且要耗费很多时间求解运动方程。

介质的阻尼使波的能量散逸而损耗,材料阻尼区在工程上一般分为内阻尼和外阻尼两大类,由材料的不完全弹性所引起的内摩擦是内阻尼。空气和液体的阻尼以及滑动面之间的干摩擦等是外阻尼的来源,对于动力平衡方程中的阻尼矩阵 $[C]$,最典型的是瑞利阻尼假设,即假设阻尼矩阵 $[C]$ 是质量矩阵和刚度矩阵的线性组合,

$$[C] = \alpha[M] + \beta[K] \tag{4-20}$$

其中

$$\alpha = \frac{2\,(\lambda_i\omega_j - \lambda_j\omega_i)}{(\omega_i + \omega_j)\,(\omega_i - \omega_j)}\omega_i\omega_j, \quad \beta = \frac{2\,(\lambda_i\omega_j - \lambda_j\omega_i)}{(\omega_i + \omega_j)\,(\omega_j - \omega_i)}$$

式中:λ_i、λ_j 分别是第 i 和第 j 阶振型的阻尼比,通常认为 $\lambda_i = \lambda_j$。阻尼比的取值与材料性质、结构类型及各阶振型都有关,对于连续介质体的弹性振动,其振型阻尼比的值在 0.02 ~ 0.25 范围内变化。ω_i、ω_j 分别是第 i 和第 j 阶自振频率。

用结构的非线性瞬态分析求解方程(4-18),得到各节点的响应,一般采用数值积分法求解方程(4-18)。在 ANSYS 10.0 的计算中,瞬态分析时其采用的是纽马克(Newmark)积分法,其计算公式如下。

Newmark 积分方法的基本假定是

$$\{\dot u\}_{t+\Delta t} = \{\dot u\}_t + [\,(1-\delta)\{\ddot u\}_t + \delta\{\ddot u\}_{t+\Delta t}\,]\Delta t \tag{4-21}$$

$$\{u\}_{t+\Delta t} = \{u\}_t + \{\dot u\}_t\Delta t + \left[\left(\frac{1}{2}-\alpha\right)\{\ddot u\}_t + \alpha\,\{\ddot u\}_{t+\Delta t}\right]\Delta t^2 \tag{4-22}$$

式中:α 和 δ 是按积分的精度和稳定性要求可以调整的参数。当 $\delta = 1/2$,$\alpha = 1/6$ 时,Newmark 法就是线性加速度法。Newmark 法采用的是常平均加速度法,常平均加速度法是使用很广泛的逐步积分方法之一,即假定从 t 到 $t + \Delta t$ 时刻,加速度不变,取为常数 $\frac{1}{2}(\{\ddot u\}_t + \{\ddot u\}_{t+\Delta t})$,此时,取 $\delta = 1/2$,$\alpha = 1/4$。研究表明,Newmark 法稳定的条件是当 $\delta \geqslant 0.5$,$\alpha \geqslant 0.25(0.5+\delta)^2$ 时。从式(4-21)和式(4-22),可得到 $\{\ddot u\}_{t+\Delta t}$、$\{\dot u\}_{t+\Delta t}$ 用 $\{u\}_{t+\Delta t}$ 及 $\{\ddot u\}_t$、$\{\dot u\}_t$ 和 $\{u\}_t$ 表示的表达式,即有

$$\{\ddot u\}_{t+\Delta t} = \frac{1}{\alpha\Delta t^2}(\{u\}_{t+\Delta t} - \{u\}_t) - \frac{1}{\alpha\Delta t}\{\dot u\}_t - \left(\frac{1}{2\alpha}-1\right)\{\ddot u\}_t \tag{4-23}$$

$$\{\dot u\}_{t+\Delta t} = \frac{\delta}{\alpha\Delta t}(u_{t+\Delta t} - u_t) + \left(1-\frac{\delta}{\alpha}\right)\{\dot u\}_t + \left(1-\frac{\delta}{2\alpha}\right)\Delta t\,\{\ddot u\}_t \tag{4-24}$$

考虑 $t + \Delta t$ 时刻的动力方程,有

$$[M]\{\ddot u\}_{t+\Delta t} + [C]\{\dot u\}_{t+\Delta t} + [K]\{u\}_{t+\Delta t} = \{F\}_{t+\Delta t} \tag{4-25}$$

$$[\tilde K][u]_{t+\Delta t} = \{F\}_{t+\Delta t} \tag{4-26}$$

其中

$$[\tilde K] = [K] + \frac{1}{\alpha\Delta t^2}[M] + \frac{\delta}{\alpha\Delta t}[C]$$

$$\{\tilde R\}_{t+\Delta t} = \{R\}_{t+\Delta t} + [M]\left[\frac{1}{\alpha\Delta t^2}\{u\}_t + \frac{1}{\alpha\Delta t}\{\dot u\}_t + \left(\frac{1}{2}-1\right)\{\ddot u\}_t\right]$$

$$+ [C]\left[\frac{\delta}{\alpha\Delta t}\{u\}_t + \left(\frac{\delta}{\alpha}-1\right)\{\dot u\}_t + \left(\frac{\delta}{2\alpha}-1\right)\Delta t\,\{\ddot u\}_t\right]$$

求解方程(4-26),即可得到 $\{u\}_{t+\Delta t}$,然后根据式(4-23)和(4-24)可求得 $\{\ddot u\}_{t+\Delta t}$,$\{\dot u\}_{t+\Delta t}$。

逐步求解 Newmark 法过程如下:

(1) 初始计算

1) 形成质量矩阵 $[M]$、阻尼矩阵 $[C]$ 和刚度矩阵 $[K]$。

2）给定初始值 $\{u\}_0$、$\{\dot{u}\}_0$ 和 $\{\ddot{u}\}_0$。

3）选择时间步长 Δt、参数 α 和 δ，并计算积分常数

$$\delta \geqslant 0.5, \quad \alpha \geqslant 0.25(0.5+\delta)^2$$

$$a_0 = \frac{1}{\alpha \Delta t^2}, \quad a_1 = \frac{\delta}{\alpha \Delta t}, \quad a_2 = \frac{1}{\alpha \Delta t}$$

$$a_3 = \frac{1}{2\alpha} - 1, \quad a_4 = \frac{\delta}{\alpha} - 1, \quad a_5 = \frac{\Delta t}{2}\left(\frac{\delta}{\alpha} - 2\right)$$

$$a_6 = \Delta t(1-\delta), \quad a_7 = \delta \Delta t$$

4）刚度矩阵 $[\tilde{K}]$，$[\tilde{K}] = [K] + a_0[M] + a_1[C]$。

5）对 $[\tilde{K}]$ 作三角分解，$[\tilde{K}] = [L][D][L]^T$。

（2）每一时间步的计算

1）$t + \Delta t$ 时刻有效荷载计算

$$\{\tilde{R}\}_{t+\Delta t} = \{R\}_{t+\Delta t} + [M](a_0\{u\}_t + a_2\{\dot{u}\}_t + a_3\{\ddot{u}\}_t)$$
$$+ [C](a_1\{u\}_t + a_4\{\dot{u}\}_t) + a_5\{\ddot{u}\}_t \tag{4-27}$$

2）$t + \Delta t$ 时刻的位移求解

$$[L][D][L]^T\{u\}_{t+\Delta t} = \{\tilde{R}\}_{t+\Delta t} \tag{4-28}$$

3）$t + \Delta t$ 时刻的速度和加速度

$$\{\ddot{u}\}_{t+\Delta t} = a_0(\{u\}_{t+\Delta t} - \{u\}_t) - a_2\{\dot{u}\}_t - a_3\{\ddot{u}\}_t \tag{4-29}$$

$$\{\dot{u}\}_{t+\Delta t} = \{\dot{u}\}_t + a_6\{\ddot{u}\}_t + a_7\{\ddot{u}\}_{t+\Delta t} \tag{4-30}$$

4.3　接触问题

在有限元分析中，接触问题的处理往往是衡量有限元软件分析能力的一个重要指标，DNYA 有 40 多种接触类型供用户选择，具有强大的接触分析能力。之所以有这么多的接触类型，一是由于有一些专门的接触类型用于专门应用，另一个是有一些老的接触类型一直保留，主要是为了使以前建立的有限元模型能一直使用。选择合适的接触类型和定义接触参数对于爆破建模来说可能有一定的困难。

4.3.1　接触算法

通过接触算法来完成相撞结构或构件之间的相互作用。接触面能有效地模拟结构之间的相互作用，是可能发生接触作用的结构之间的接触面，并允许结构之间连续不断的接触和滑动。采用 3 种不同的算法（LS-DYNA）处理接触问题：

1）分配参数法。

2）动力约束法。

3）对称罚函数法（缺省算法）。其原理是：先检查每一时步各从节点是否穿透主表面，没有穿透就不对该从节点做任何处理。如果穿透，则在该从节点与主表面间、主节点与从表面间引入一个较大的与穿透深度、接触刚度成正比的界面接触力，称为罚函数值。该接

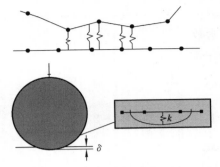

图 4-1　罚函数值的物理意义

触算法方法简单,没有噪声,很少激起网格的沙漏效应,动量守恒准确,不需要碰撞和释放条件,为 LS-DYNA 的缺省算法。其物理意义相当于在其中放置一系列法向弹簧,限制穿透,如图 4-1 所示。

接触力由下面公式计算:

$$F = k\delta$$

式中:k 为由单元尺寸和材料特性确定的接触界面刚度;δ 为穿透量。

4.3.2　非自动接触与自动接触的区别

不管是单向接触还是双向接触,有非自动接触与自动接触的区别。非自动接触是接触只在壳单元的法线方向发生,不能保证壳单元法向与接触方向的正确一致。自动接触是新开发的接触类型,壳单元法向与接触方向正确一致。建议使用自动接触。

4.3.3　接触阻尼

接触的摩擦系数是由动摩擦系数、静摩擦系数和指数衰减系数组成的,并认为摩擦系数与接触表面的相对速度有关。接触阻尼对于高频数值噪声的处理非常有效。通常定义临界阻尼的百分比值,一般定义为 20,在 ＊CONTACT 关键字中有 VDC 参数。

如果摩擦问题必须考虑,建议使用接触摩擦设置,通过 PART_CONTACT 定义摩擦系数的方式对各 PART 摩擦系数进行设置。要注意必须在 ＊CONATCT 关键字中把 FS 设置为－1,这样才能覆盖掉用 PART 设置的摩擦系数,CONTACT 中的 FD、DC、FS 等参数才会发挥作用。同时只有定义了衰减系数 DC,动态摩擦系数才能起作用。

4.3.4　接触定义

在 ANSYS/LS-DYNA 程序中,有接触单元,只要定义可能接触的接触类型、接触表面以及与接触有关的一些参数,在接触界面相对运动时考虑摩擦力的作用,在计算过程中程序就能保证接触界面之间不发生穿透。

LS-DYNA 中有很多类型的接触方式,有些是针对专门应用的,有的是以前的接触类型,现在已很少用,但为了保持向下兼容而保留下来,所以用户必须选择一个合适的接触类型。

4.4　建模过程中的假定和简化处理

采用数值模拟方法,不仅可以对拆除工程中构筑物倾倒、破坏的重要影响因素进行分析,还可以对有关理论研究结果的正确性和有效性进行验证,同时,通过数值模拟对实际爆破拆除效果进行预测,对爆破拆除方案进行辅助设计和优化,可提高爆破拆除设计与施工的经济性、可靠性和安全性。

本研究采用 LS-DYNA 动力学有限元程序进行不同钢筋混凝土结构爆破拆除的数值模拟。

4.4.1　基本假定

钢筋混凝土结构以及结构的材料性能是十分复杂的,为了简化问题,不影响实际问题的真实性,建模过程中进行了如下假定和简化处理:

1) 为了建模方便,可采用等效强度的整体式方法建模,对于部分钢筋混凝土结构不单独考虑钢筋的作用,局部单独考虑钢筋与混凝土分离模型。

2) 不考虑钢筋混凝土基础的作用,将钢筋混凝土结构底座与地面连接处简化为完全固结。

3) 将爆破切口位置的钢筋混凝土结构切面假定为平整的,而爆破工程中切口切面都是由爆破形成的,不可能十分平整。

4.4.2　模型实体及单元划分

为了与实际情况对比验证模拟的准确性,将数值计算模型与工程实例相结合,以设计方案为基础,建立 1:1 的等比例有限元模型,验证模拟结果与实际爆破效果的相似性。

应综合考虑有限元计算的时效性和精确性,来确定单元数量和单元尺寸。为了获得较好的计算结果,单元划分上,将钢筋混凝土结构划分成六面体单元。地面单独划分单元,与结构之间定义为接触。

4.4.3　约束载荷的施加与爆破缺口的模拟

首先施加钢筋混凝土结构的自身重力加速度,其方向与实际重力加速度的方向相同。然后对钢筋混凝土底部和地面施加固结约束。

采用 LS-DYNA 自带的关键字 * MAT_ADD_EROSION 中的 FAILTAM 项进行设置以实现单元生死,通过单元生死使支撑部位失去承载能力,并控制失效时间达到实际爆破过程中的延时效果,使爆破缺口范围内混凝土单元在设定的时间失效并保留钢筋单元,以与实际爆破情形相似,实现爆破缺口的形成过程。本次计算为单向拆除爆破,可以初始就设置切口,为简化计算,认为切口钢筋均切除。

4.4.4　分离式模型

整体式模型的优点是建模方便,分析效率高,主要用于钢筋分布较均匀的构件中,是将钢筋的材料性能分散到混凝土当中,将两者看作一种等效强度的整体式材料进行分析。整体式模型不适用于钢筋分布较不均匀的区域,不能分析钢筋内力状态。

分离式有限元模型是分别建立钢筋和混凝土两种不同材料的单元有限元模型。分别计算混凝土单元刚度矩阵、钢筋单元刚度矩阵,然后统一集成到整体刚度矩阵中,可以在混凝土与钢筋之间嵌入黏结单元,按实际配筋划分单元,必要时分离式模型的最大优点是可以在混凝土和钢筋之间插入联结单元来模拟钢筋和混凝土之间的黏结和滑移,并分别研究二者的破坏过程,钢筋量大且不规则时,划分单元的数量也很大。

兼顾模型的真实性和建模的方便性,拆除结构采用分离式建立钢筋混凝土模型,钢筋和混凝土之间共节点,不考虑它们之间的滑动。钢筋采用 beam161 单元,本构关系采用塑性随动模型。混凝土和砖墙结构采用 solid164 单元,本构关系依旧采用塑性随动模型。

4.4.5　材料模型

混凝土本质的特点是材料组成的不均匀性,并且存在初始微裂缝;混凝土卸载时有残余变形,不符合弹性关系,是爆破工程结构中应用极为广泛的材料。如果对混凝土应用弹塑性本构关系,很难精确定义屈服条件。在实际模拟计算中,选用 LS-DYNA 中的塑性随动模型(∗MAT-PLASTIC-KINEMATIC)作为混凝土本构关系。即应变率相关,又考虑实效,同时参数简单,较容易确定,是一种随动硬化、各向同性或随动硬化和各向同性混合模型。通过在 1(仅各向同性硬化)和 0(仅随动硬化)间调整硬化参数来选择随动硬化或各向同性。用 Cowper-Symonds 模型来考虑应变率,屈服应力用与应变率相关的因数表示,如下所示

$$\sigma_Y = \left[1 + \left(\frac{\varepsilon}{C}\right)^{\frac{1}{P}}\right](\sigma_0 + \beta E_P \varepsilon_P^{\text{eff}}) \tag{4-31}$$

式中:ε 为应变率;C 和 P 为 Cowper Symonds 应变率参数;σ_0 为初始屈服应力;$E_P = E_{\text{tan}}E/(E - E_{\text{tan}})$,$E_P$ 为塑性硬化模量;$\varepsilon_P^{\text{eff}}$ 为有效塑性应变。

4.4.6　接触界面的模拟

由于在接触-碰撞问题中的响应是不平滑的,垂直于接触界面的速度是瞬时不连续的,接触-碰撞问题是最困难的非线性问题之一。因此,接触-碰撞问题的离散方程的时间积分非常困难。对于 Coulcomb 摩擦模型,当出现黏性滑移行为时,沿界面的切向速度也是不连续的。因此,方法和算法的适当选择对于数值分析的成功是至关重要的。

由于高耸构筑物倒塌分析本身非常复杂,接触情况变化多端。因此,计算中选用了 LS-DYNA 提供的 ∗CONTACT_ERODING_SINGLE_FACE 接触计算模型,该接触计算模型可以判断接触,自动搜索接触面,并可以处理断裂、侵蚀等复杂边界变化情况。

4.4.7　材料失效的准则

材料失效现象比较复杂,但屈服和断裂是强度不足引起的两种主要失效现象。对于铸铁、石料、混凝土和玻璃等脆性材料,可采用第一和第二强度理论,通常以断裂形式失效;对于碳钢、铜、铝等塑性材料,可以采用第三和第四强度理论,以屈服形式失效。LS-DYNA 的结果文件都包含了三个主应力、最大剪应力和 von Mises 应力的数值,对于钢筋采用 ∗MAT_PLASTIC_KINEMATIC 模型中提供的 FS 参数控制。对于混凝土材料,采用拉应力失效准则模拟计算,通过 MAT_ADD_EROSION 关键字中的 PFAIL 参数控制。

4.5　210 m 钢筋混凝土烟囱爆破拆除模拟

4.5.1　工程概况

江西南昌发电厂位于南昌市青山支路 57 号,原有 1×125 MW 和 1×135 MW 两台机组,2009 年 4 月响应国家降低能耗、节约能源、减少污染排放量、改善空气质量的号召,积

极推进"上大压小"的能源政策正式关停,但升压站及厂用电仍在运行。两台关停机组的部分设备拆除工作已于 2011 年 5 月 18 日开始,210 m 高钢筋混凝土烟囱,因高大且坚固,需要采用控制爆破技术拆除。

该 210 m 高钢筋混凝土烟囱属高大构筑,且周围环境十分复杂,按《爆破安全规程》规定属于 A 级拆除爆破工程。

4.5.2　整体式模型模拟

本次计算为单向拆除爆破,可以初始就设置切口,为简化计算,认为切口钢筋均切除,切口形状设为矩形。混凝土密度为 2500 kg/m³,弹性模量为 30 GPa,泊松比为 0.167,抗拉强度为 2.4 MPa,抗压强度为 30 MPa,模拟运动过程见图 4-2。

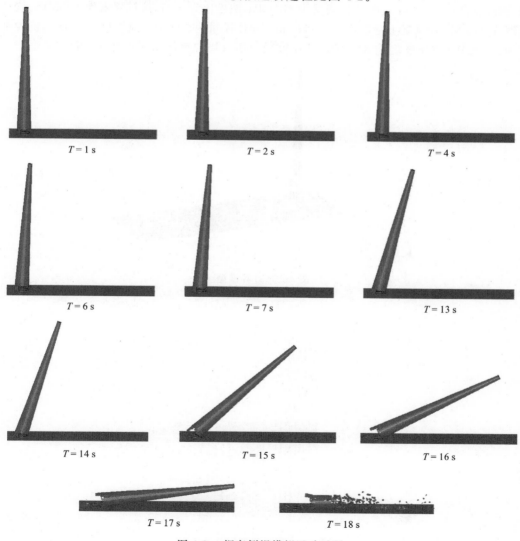

图 4-2　烟囱倒塌模拟运动过程

　　整体式建模简单,相对于其他模型计算时间短,计算结果能反映烟囱的倒塌过程,数值模拟的结果与实际工程具有较好的相似性,通过对结构倒塌过程的模拟,可以在爆破前对倒塌过程、效果进行预测,从而指导爆破设计、施工和安全防护,数值模拟将成为研究结构爆破拆除力学过程的重要手段并辅助指导结构爆破拆除设计。

4.5.3　分离式模型建立

　　根据设计方案,切口形状为梯形,切口部位距地面以上 +0.50 m 标高处,烟囱开口角 β 取 215°,切口高度取 5.2 m。定向窗为三角形,三角形底定向窗角度为 30°。本次计算为单向拆除爆破,可以初始就设置切口,为简化计算,认为切口钢筋均切除。保留侧采用分离式建立模型,纵向钢筋长 10 m,其他部位采用整体式建模。切口处纵向钢筋减半,面积增加一倍。钢筋密度为 7 850 kg/m³,弹性模量为 210 GPa,泊松比为 0.27,抗拉强度为 350 MPa,抗压强度为 310 MPa;混凝土密度为 2 500 kg/m³,弹性模量为 30 GPa,泊松比为 0.167,抗拉强度为2.4 MPa,抗压强度为 30 MPa;计算模型与切口局部钢筋单元见图 4-3 和图 4-4。

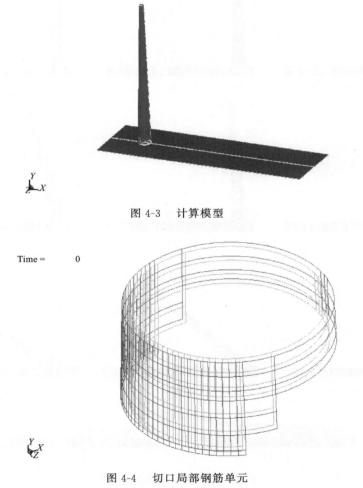

图 4-3　　计算模型

Time =　　　0

图 4-4　　切口局部钢筋单元

4.5.4　分离式模拟计算结果及分析

　　混凝土烟囱前期倒塌受力是整个倒塌过程中的关键，因此有必要对混凝土烟囱前期的倒塌受力进行分析。烟囱初期倒塌受力过程见图 4-5。

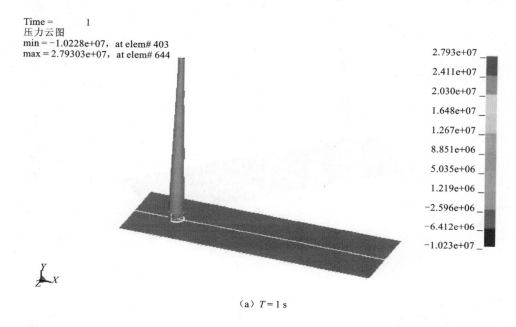

（a）$T = 1\,\mathrm{s}$

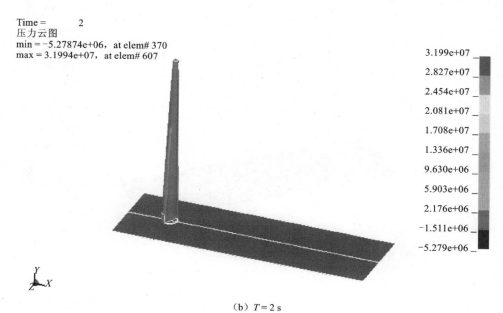

（b）$T = 2\,\mathrm{s}$

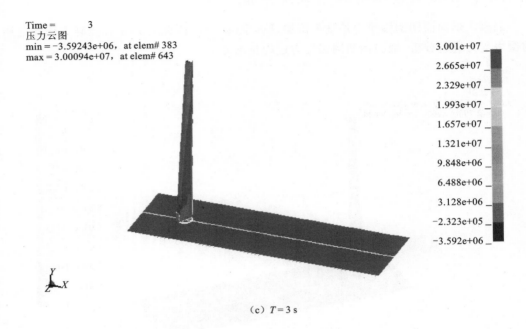

（c）$T = 3$ s

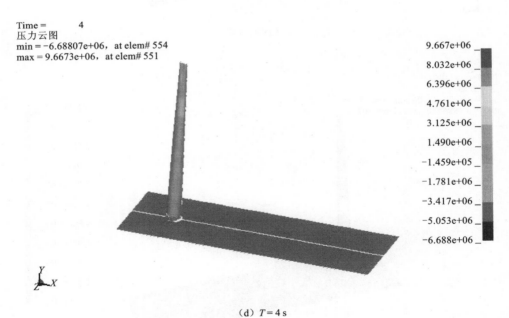

（d）$T = 4$ s

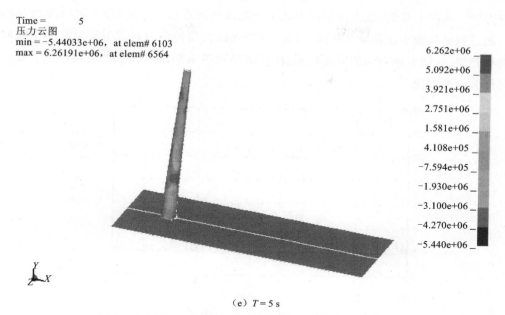

Time =　　　　5
压力云图
min = −5.44033e+06，at elem# 6103
max = 6.26191e+06，at elem# 6564

| 6.262e+06 |
| 5.092e+06 |
| 3.921e+06 |
| 2.751e+06 |
| 1.581e+06 |
| 4.108e+05 |
| −7.594e+05 |
| −1.930e+06 |
| −3.100e+06 |
| −4.270e+06 |
| −5.440e+06 |

（e）T = 5 s

图 4-5　　烟囱前期倒塌受力过程（图版 II，图版 III，图版 IV）

4.5.4.1　烟囱前期倒塌受力过程

为分析混凝土烟囱倒塌初期的受力过程，在烟囱倒塌方向沿烟囱高度选取相应的单元，单元位置与编号见图 4-6。

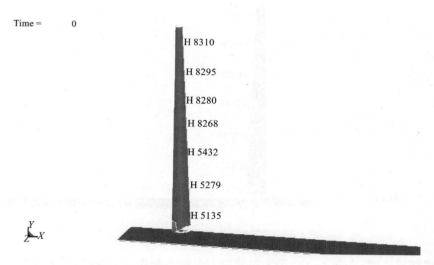

Time =　　　　0

H 8310
H 8295
H 8280
H 8268
H 5432
H 5279
H 5135

图 4-6　　倒塌方向选取的各单元编号（图版 IV）

计算结果见图 4-7 所示，在 0 ～ 1 s 内，最大拉伸应力发生在烟囱中间部位，最大值约为 7 MPa；在 1.5 ～ 2.5 s 内，最大拉伸应力段往顶部上移，最大值为 8 MPa；5 s 后，最大拉伸应力进一步向上移动,最大拉伸应力区位于距离烟囱顶部 1/3 处,最大值约为 28 MPa,早已超过钢筋混凝土拉伸破坏极限。可见,当单元最大拉伸应力超过混凝土介质极限时,烟囱会开裂,并随着运动的加剧而折断。计算结果表明由烟囱中部至距离顶部 1/3 处,均有可能为折断部位。

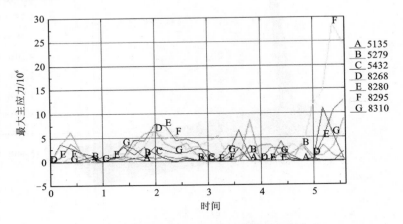

图 4-7　　各单元第一主应力时程曲线(图版 V)

　　在烟囱背离倒塌方向沿烟囱高度也选取相应的单元,单元位置与编号见图 4-8。各单元第一主应力时程曲线见图 4-9。

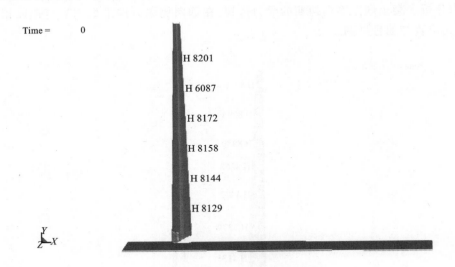

图 4-8　　背离倒塌方向选取的各单元编号

　　计算结果表明,在前 4 s 内,最大拉伸应力会沿着烟囱发生波动,最大拉伸应力值均未超过 5 MPa,在 4 s 时,烟囱中部单元最大拉伸应力值最大,达到 7.5 MPa;在 4 s 后,最大拉伸应力进一步向上移动,最大拉伸应力区位于距离烟囱顶部 1/3 处,最大值超过 18 MPa。

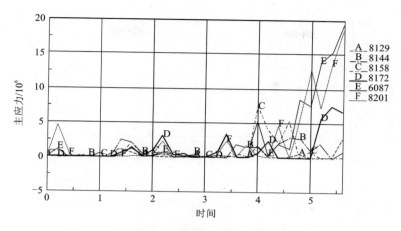

图 4-9　背离倒塌方向各单元第一主应力时程曲线

分析进一步表明折断部位为烟囱中部至距离顶部 1/3 处，计算结果与实际工程折断部位一致。

为进一步分析混凝土烟囱倒塌初期受力情况，需对切口段保留钢筋进行受力分析。局部钢筋破坏过程见图 4-10。典型钢筋轴向受力时程曲线见图 4-11。

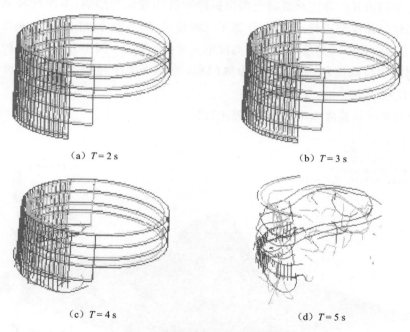

（a）$T=2$ s　　　　　　　　　（b）$T=3$ s

（c）$T=4$ s　　　　　　　　　（d）$T=5$ s

图 4-10　局部钢筋破坏过程（图版 V）

切口部位混凝土爆除后，烟囱重力逐渐由保留部位混凝土承担，典型钢筋轴向受力时程曲线在 1.5 s 前处于压缩阶段，1.5 s 后烟囱开始偏转，钢筋逐渐由压转拉，在 2.5 s 左右

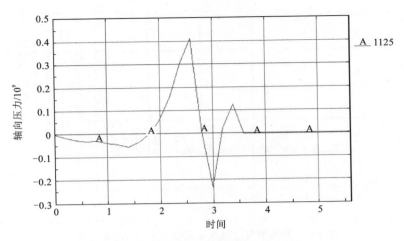

图 4-11　典型钢筋轴向受力时程曲线

达到拉力峰值,随后烟囱开始下坐,钢筋开始受压弯曲变形,计算结果与实测吻合。

4.5.4.2　导向窗开口高度影响

为分析导向窗开口高度对混凝土烟囱拆除后破坏效果的影响,本次计算采用混凝土烟囱切口部位局部模型进行了讨论。计算了三种情况,第一种为导向窗开口高度未增加情况;第二种为导向窗开口高度增加切口高度的一半,顶部为半圆形开口;第三种为导向窗开口高度增加切口高度的一倍,形状为城门形,顶部半圆半径为 2.6 m。三种情况均以 5 m/s 的速度触地。

（1）导向窗开口高度未增加情况（图 4-12）

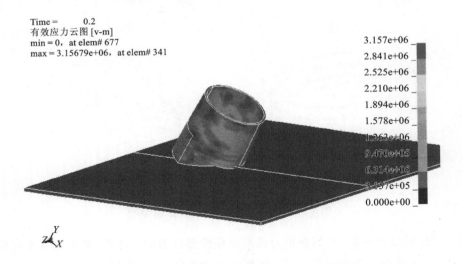

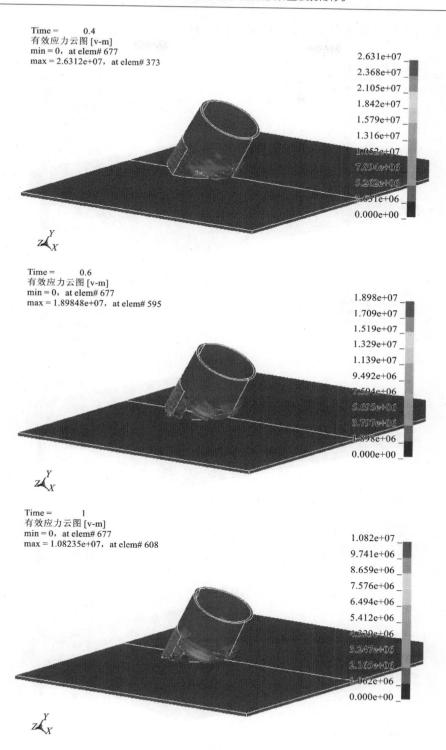

图 4-12　各时刻计算云图(图版 Ⅵ,图版 Ⅶ)

（2）导向窗开口高度增加 2.6 m 情况（图 4-13）

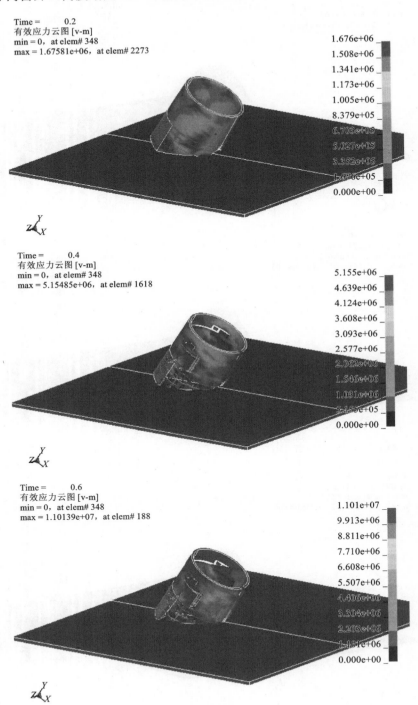

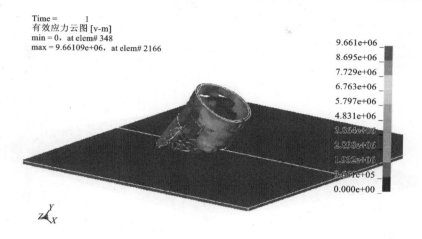

图 4-13　各时刻计算云图(图版 VIII,图版 IX)

图 4-14 为圆弧顶部单元第一主应力时程曲线。

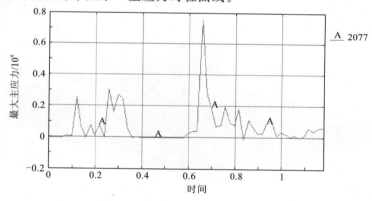

图 4-14　圆弧顶部单元第一主应力时程曲线

（3）导向窗开口高度增加 5.2 m 情况(图 4-15)

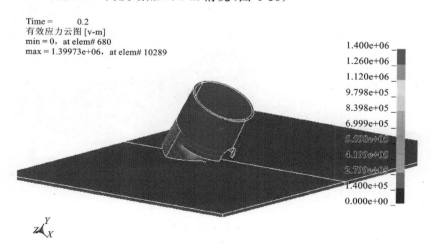

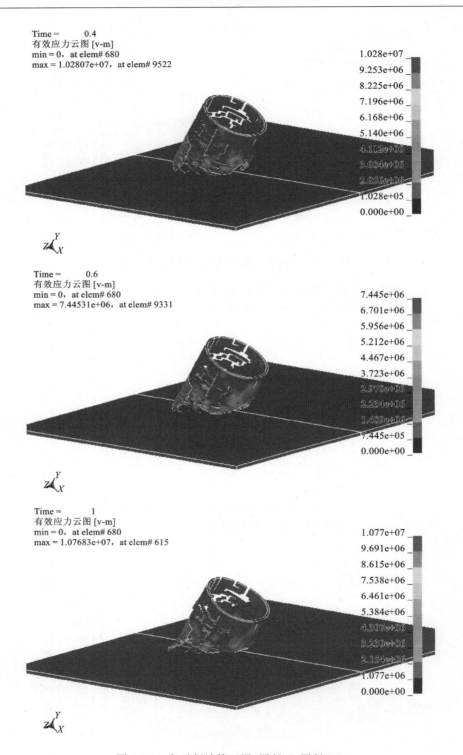

图 4-15　　各时刻计算云图(图版 X,图版 XI)

图 4-16 为圆弧顶部单元第一主应力时程曲线。

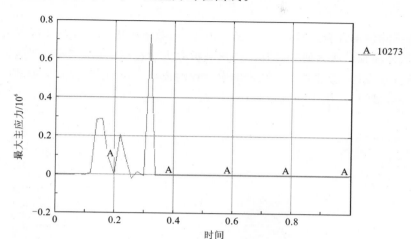

图 4-16　圆弧顶部单元第一主应力时程曲线

计算表明,随着开口高度的增加,烟囱环向结构刚度降低,烟囱破坏程度增加,从图 4-14 与图 4-16 圆弧顶部单元第一主应力时程曲线得出,随着开口高度的增加,拉伸应力峰值提前,解体更加充分,有利于后期废墟的处理。因此,保证初期烟囱稳定的前提下,适当增加导向窗的高度有利于烟囱底部段解体,降低后期处理成本。

4.6　90 m 冷却塔拆除模拟计算

4.6.1　工程概况

皖能合肥发电有限公司为执行国家"上大压小、节能减排"政策,决定拆除 3、4 号机组,新建大机组。待拆除的 3、4 号机组中有两座高 90 m 的钢筋砼冷却塔,因高大且坚固,需要采用控制爆破技术拆除。

待拆除 3、4 号机组冷却塔都为钢筋砼双曲线对称结构,结构尺寸完全一样。钢筋砼冷却塔高 90 m,筒身采用 C25 砼现浇而成。冷却塔底部直径为 73.5 m,底部为 40 对人字柱支撑,人字柱断面为 0.45 m×0.45 m 正方形,人字柱高 5.6 m;圈梁下部外径为 71.75 m,内径为 70.75 m,壁厚为 0.4～0.5 m,圈梁高 2.0 m。筒体壁厚为 0.16～0.4 m,总重量约为 4 021 t。

4.6.2　模型建立

计算模型采用整体式建模,材料密度为 2 642 kg/m³,弹性模量为 38.7 GPa,泊松比为 0.2,抗拉强度为 15 MPa,抗压强度为 40 MPa。计算模型见图 4-17。

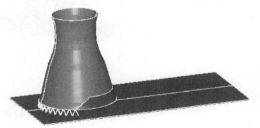

图 4-17　计算模型(图版 XII)

4.6.3　倒塌运动过程数值模拟

　　冷却塔拆除倒塌计算过程见图 4-18 ～ 图 4-23,数值模拟的结果与实际工程具有较好的相似性,数值模拟已成为研究高耸结构爆破拆除力学过程的重要手段,并能辅助指导高耸结构爆破拆除设计,通过对高耸结构倒塌过程的模拟,可以在爆破前预测倒塌过程和效果,从而指导爆破设计、施工和安全防护。

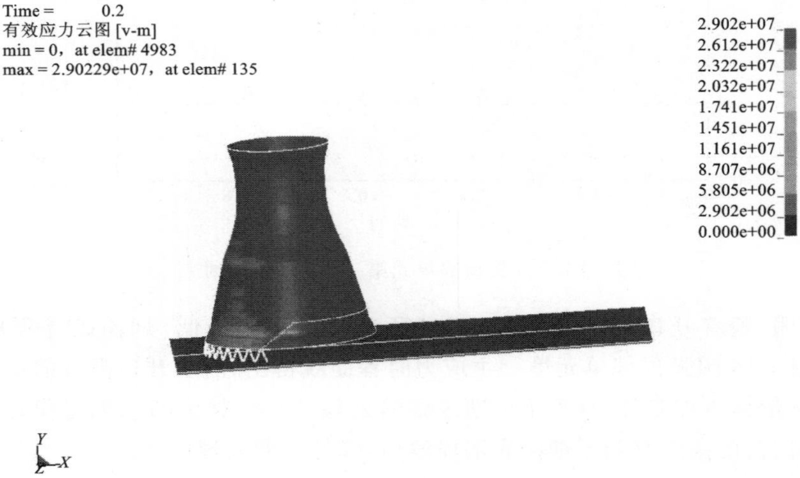

Time =　　　0.2
有效应力云图 [v-m]
min = 0, at elem# 4983
max = 2.90229e+07, at elem# 135

2.902e+07
2.612e+07
2.322e+07
2.032e+07
1.741e+07
1.451e+07
1.161e+07
8.707e+06
5.805e+06
2.902e+06
0.000e+00

图 4-18　0.2 s 时刻运动状态(图版 XII)

Time =　　　2.2
有效应力云图 [v-m]
min = 0, at elem# 4983
max = 1.15715e+08, at elem# 397

1.157e+08
1.041e+08
9.257e+07
8.100e+07
6.943e+07
5.786e+07
4.629e+07
3.471e+07
2.314e+07
1.157e+07
0.000e+00

图 4-19　2.2 s 时刻运动状态(图版 XIII)

Time = 　　　3.1
有效应力云图 [v-m]
min = 0，at elem# 4983
max = 1.22224e+08，at elem# 668

1.222e+08
1.100e+08
9.778e+07
8.556e+07
7.333e+07
6.111e+07
4.889e+07
3.667e+07
2.444e+07
1.222e+07
0.000e+00

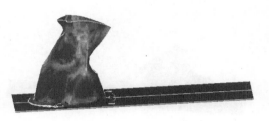

Y
Z X

图 4-20　3.1 s 时刻运动状态(图版 XIII)

Time = 　　　4.6
有效应力云图 [v-m]
min = 0，at elem# 4983
max = 1.099e+08，at elem# 1441

1.099e+08
9.891e+07
8.792e+07
7.693e+07
6.594e+07
5.495e+07
4.396e+07
3.297e+07
2.198e+07
1.099e+07
0.000e+00

Y
Z X

图 4-21　4.6 s 时刻运动状态(图版 XIV)

Time =　　　5.7
有效应力云图 [v-m]
min = 0，at elem# 4983
max = 1.41827e+08，at elem# 2721

1.418e+08
1.276e+08
1.135e+08
9.928e+07
8.510e+07
7.091e+07
5.673e+07
4.255e+07
2.837e+07
1.418e+07
0.000e+00

图 4-22　5.7 s 时刻运动状态(图版 XIV)

Time =　　　6.3
有效应力云图 [v-m]
min = 0，at elem# 4983
max = 1.22924e+08，at elem# 2721

1.229e+08
1.106e+08
9.834e+07
8.605e+07
7.375e+07
6.146e+07
4.917e+07
3.688e+07
2.458e+07
1.229e+07
0.000e+00

图 4-23　6.3 s 时刻运动状态(图版 XV)

第5章　高耸构筑物爆破拆除实验研究

5.1　爆破振动测试

5.1.1　基本理论

5.1.1.1　爆破振动机理

当岩石中药包爆破时,邻近药包周围的岩石会产生压碎圈和破裂圈。应力波通过破碎圈后,迅速衰减,只能引起岩石质点产生弹性振动,不能引起岩石的破裂。地震波是这种弹性振动,以弹性波的形式向外传播,造成地面的振动。地震波由若干种波组成,根据传播途径的不同,可以分为表面波和体积波两类。表面波分为拉夫波和瑞利波。瑞利波与纵波相似,振幅和周期较大,频率较低,衰减较慢,是岩石质点在垂直面上沿椭圆轨迹后退或运动,它的传播速度比横波稍慢。拉夫波与横波相似,不经常出现,是质点仅在水平方向作剪切变形。体积波分为横波和纵波两种,是在岩体内传播的弹性波。横波振幅较大,周期长,传播速度仅次于纵波;纵波振幅小,周期短,传播速度快。

体积波是爆破时造成岩石破裂的主要原因,能使岩石产生压缩和拉伸变形。表面波是造成地震破坏的主要原因。爆破地震效应是由爆破引起的振动,常常会造成爆源附近的地面以及地面上的一切物体产生颠簸和摇晃。当爆破振动达到一定的强度时,可以破坏爆区周围构筑物和建筑物。

5.1.1.2　爆炸应力波的传播特征

冲击波在岩体内的传播强度随传播距离的增加而减小,可以分为三个作用区:冲击波作用区、应力波作用区、弹性振动区。图 5-1 所示为岩石中爆炸应力波的分区(R_0 为药包半径)。冲击波作用区是在离爆源 3~7 倍药包半径的近距离内,冲击波的强度极大,使岩石产生塑性变形和粉碎,波峰压力一般都大大超过岩石的动抗压强度,消耗了大部分的能量,冲击波参数急剧衰减。应力波作用区在 120~150 倍药包半径的距离内,由于应力波的作用,岩石处于非弹性状态,在岩石中产生变形,可导致岩石的破坏或残余变形。弹性振动区是大于 150 倍药包半径的距离,应力波的强度进一步衰减,变为弹性波或地震波,波的传播速度等于岩石中的声速,不能使岩石产生破坏,只能引起岩石质点做弹性振动。

5.1.1.3　爆破振动规律

（1）爆破振动规律分析

爆破振动是炸药爆炸后在岩土介质中产生的应力波衰减为弹性波后引起的。弹性波

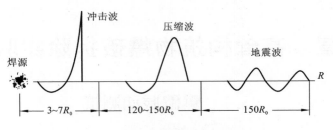

图 5-1　岩石中爆炸应力波的分区

传播到岩石介质表面时产生沿介质表面传播的地震波,如果爆破参数设计得不合理,爆炸能量的一部分会以地震波的形式向外传播,而且会对周围环境产生破坏作用。

(2)爆破产生的地震效应

爆破产生的地震效应主要有以下特点:①工程地质条件直接决定着爆破地震效应的强弱。地震波的传播受岩石的层、节理和岩石的动态力学性能影响较大。层、节理发育,力学性能差的岩石不利于地震波的传播,地震效应弱;反之,地震波在坚硬且层、节理不发育的岩石中传播时,衰减速度慢,地震效应强。②地形条件对爆破地震效应的强弱有明显影响。地震波是沿介质表面传播的,由于地形的变化造成地震波的非均匀传播,地震波不断发生反射和透射,可能在某一方向形成会聚效应,地震作用强烈。③与天然地震波相比,爆破地震的传播距离短,作用时间短,而且频带窄。④爆破振动的强弱受炸药特性,爆破参数和起爆时差的影响较大。大量试验表明,爆源的单段起爆药量是爆破振动的源动力,直接决定爆破振幅的大小,而起爆时差影响爆破振动的持续时间。

5.1.1.4　爆破振动振速

目前衡量爆破振动的强弱主要用振动速度参数。国家爆破安全规程对各类建筑物的安全振速已作了规定,不同爆破环境下,应根据具体要求确定爆破振动的安全距离。

大量试验表明,爆破产生的振动速度与起爆药量成正比,与传播距离成反比。针对不同的地质条件,苏联的萨道夫斯基提出振速的计算公式为

$$V = K \left(\frac{\sqrt[3]{Q}}{R} \right)^{\alpha} \tag{5-1}$$

式中:V 为最大振速幅值,cm/s;K 为岩石传震特性参数;α 为岩石传震特性参数,或振动传播衰减指数;Q 为单段最大起爆药量,kg;R 为计算点到爆源中心的距离,m。

由上式可以推导出确定安全振速 V_0 下的振动安全距离为

$$R = \left(\frac{K}{V_0} \right)^{1/\alpha} Q^{1/3} \tag{5-2}$$

式中:K 和 α 是与爆破点的地形、地质等条件有关的系数和衰减指数。大型爆破工程要由试验去测定,一般按表 5-1 选取。

表 5-1　不同岩性的 K 和 α 值

岩性	K	α
坚硬岩石	50～150	1.3～1.5
中硬岩石	150～250	1.5～1.8
软岩石	250～350	1.8～2.0

爆破振动测量以检测振速为目的,一方面是实测振动速度,检验爆破振动安全设计是否有效、合理;另一方面是通过实测振速分析得到的实际地形、地质条件下的地震波传播特性参数 K 和 α,为爆破振动安全设计提供第一手资料。

5.1.2　现场测试

5.1.2.1　概述

江西南昌发电厂位于南昌市青山支路 57 号,原有 1×125 MW 和 1×135 MW 两台机组,2009 年 4 月响应国家"上大压小"能源政策正式关停,但升压站及厂用电仍在运行,两台关停机组的部分设备拆除工作已于 2011 年 5 月 18 日开始,210 m 高钢筋混凝土烟囱,因高大且坚固,需要采用控制爆破技术拆除。

该 210 m 高钢筋混凝土烟囱属高大构筑,且周围环境十分复杂,按《爆破安全规程》规定属于 A 级拆除爆破工程。

5.1.2.2　工程周围环境条件

待拆除 210 m 烟囱修建于 1987 年。烟囱位于江西南昌发电厂生产区中央,东西北三面均为正在运行设备和保留建筑物,其中:南侧距厂区外围道路围墙 291 m,距高压线 360 m,距青山北路 450 m;烟囱北侧距中电电力各部门办公楼 75 m,距要保留的输煤栈桥 36 m;东侧距围墙 25 m,距铁路专线 31.3 m,距物流部生产和办公楼 55 m,距离煤堆场 110 m,距高压线 192 m,距距离烟囱最近的民宅 205 m;西侧距锅炉框架 85 m,距汽机房和厂用电室 110.5 m,距运行中的 110 kV 升压站 172 m,距高压线 276 m,距民房 300 m,距厂前路最近点 305 m,距仓库 363 m;倒塌范围为拆除区域,无地下管网。周围环境如图 5-2 所示。

5.1.2.3　爆破地震波对结构的破坏及控制标准

(1)爆破地震波对结构的破坏

由于木结构、砖石结构、钢筋混凝土结构的固有频率、阻尼比不同,所以不同类型建筑物爆破地震效应不同。当爆破振动达到一定的强度时,可以破坏爆区周围的构筑物和建筑物。

(2)控制标准

本次监测的对象主要是烟囱四周的民房建筑及厂房结构。通过被保护对象所在地质点峰值振动速度和主振频率两个指标对地面建筑物进行爆破振动控制,《爆破安全规程》规定的控制标准见表 5-2。

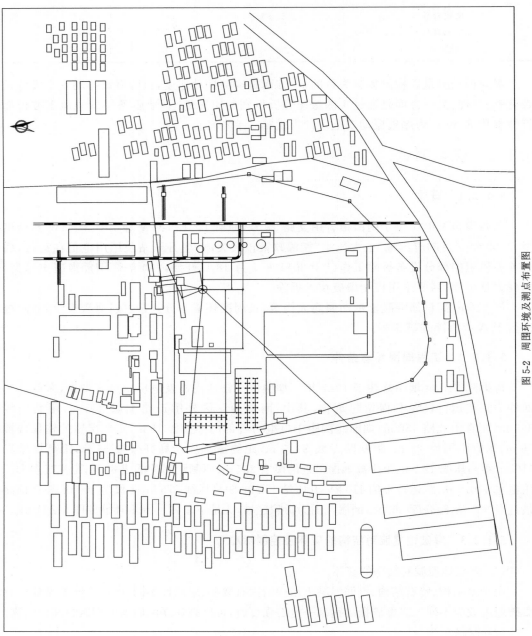

图 5-2　周围环境及测点布置图

表 5-2　爆破振速控制标准

保护对象类别	安全允许振速/(cm/s)		
	<10 Hz	10～50 Hz	50～100 Hz
重点文物保护对象	0.1～0.3	0.2～0.4	0.3～0.5
土坯房、毛石房屋	0.5～1.0	0.7～1.2	1.1～1.5
一般砖房、非抗震的大型砖块建筑物	2.0～2.5	2.3～2.8	2.7～3.0
钢筋混凝土结构房屋	3.0～4.0	3.5～4.5	4.2～5.0

注:本次振动控制标准初定为 2 cm/s。

5.1.2.4　监测仪器及测点布置

（1）监测仪器

本次监测采用了智能爆破测振仪 TC-4850 和 IDTS3850 布置于振动测试点。TC-4850测振仪由成都中科测控有限公司生产,配备 X,Y,Z 三维一体速度传感器,并有与之相匹配的三矢量合成分析软件,而且采用 16 位高精度记录,量化台阶可精细到 1/65 536;量程为 0.001～35.4 cm/s,能完全涵盖爆破振动所需全部量程,无须再另设量程;可连续记录并储存 128～1 000 段数据,共 128 M 存储空间;配套分析软件具有频谱分析、矢量合成、萨道夫斯基公式回归等处理功能。

（2）测点布置

本次测试工作共布置了 6 个测点,测点布置的平面示意图见图 5-3。

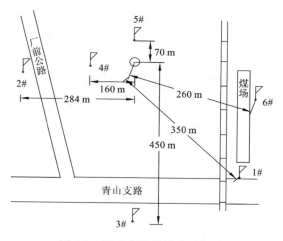

图 5-3　测点布置的平面示意图

5.1.2.5　爆破振动监测成果及其分析

此次爆破的总装药量为 192 kg,爆破时间 2012 年 2 月 12 日 10 时 33 分。

（1）测振前准备工作

为保证采集到准确的爆破数据，经预先估算质点最大振动速度，实测前将所有测振仪触发电平设置为 0.02 cm/s。

（2）波形分析

各测点实测速度波形见图 5-4～图 5-19（图中横坐标为时间，纵坐标为质点振动速度），各波形图包括 X 方向（水平切向）波形、Y 方向（水平径向）波形和 Z 方向（垂直方向）波形。从图中可以看出：整个爆破振动过程历时约 5 s，能量衰减的时间很短，衰减过程明显，表明冲击波在传播过程中的振动阻尼系数较大，这有利于周边建筑的安全。

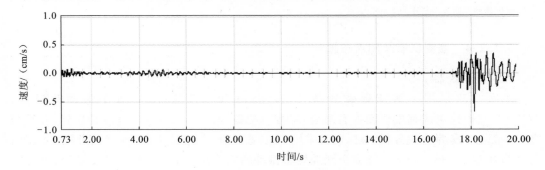

图 5-4　测点 1Z 方向振动速度时程曲线

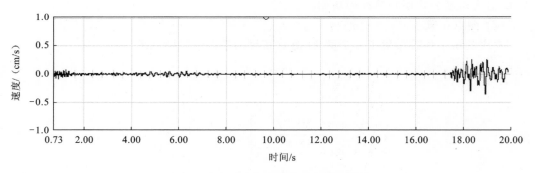

图 5-5　测点 1Y 方向振动速度时程曲线

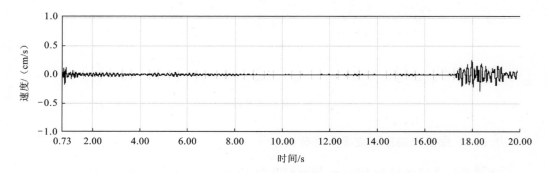

图 5-6　测点 1X 方向振动速度时程曲线

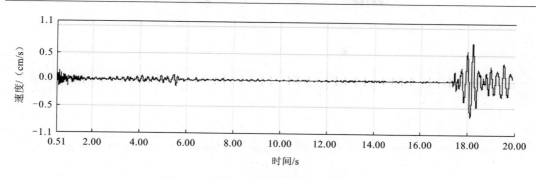

图 5-7　测点 2Z 方向振动速度时程曲线

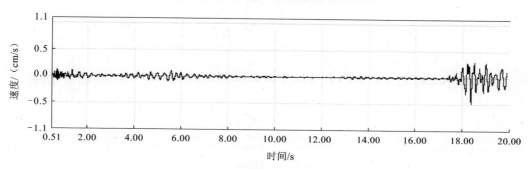

图 5-8　测点 2Y 方向振动速度时程曲线

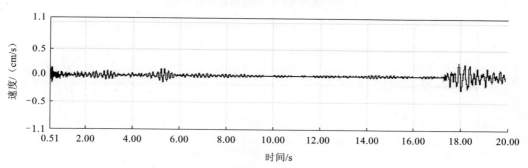

图 5-9　测点 2X 方向振动速度时程曲线

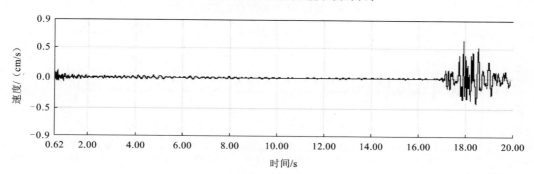

图 5-10　测点 3Z 方向振动速度时程曲线

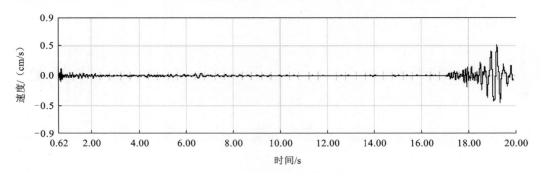

图 5-11　　测点 3Y 方向振动速度时程曲线

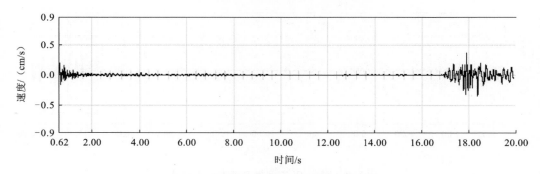

图 5-12　　测点 3X 方向振动速度时程曲线

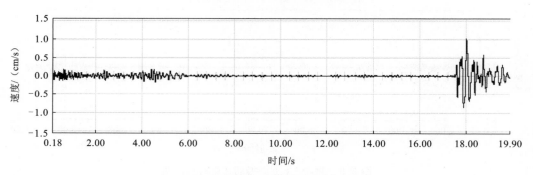

图 5-13　　测点 4Z 方向振动速度时程曲线

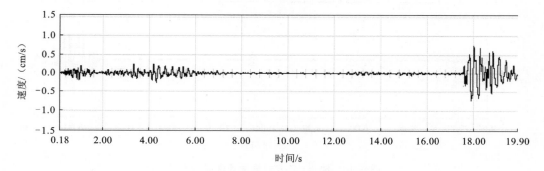

图 5-14　　测点 4Y 方向振动速度时程曲线

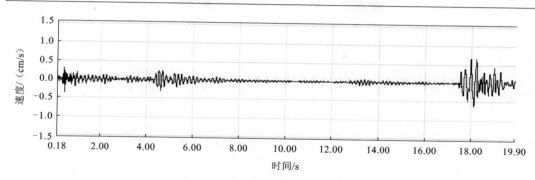

图 5-15　测点 4X 方向振动速度时程曲线

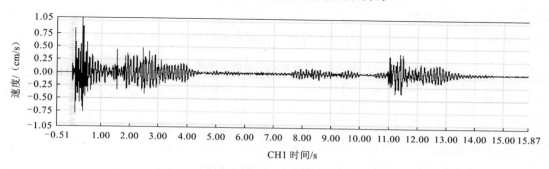

图 5-16　测点 5 垂直方向振动速度时程曲线

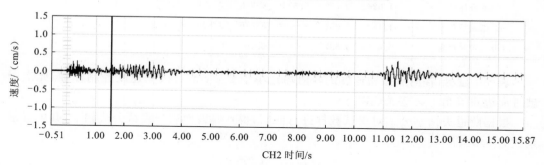

图 5-17　测点 5 水平方向振动速度时程曲线

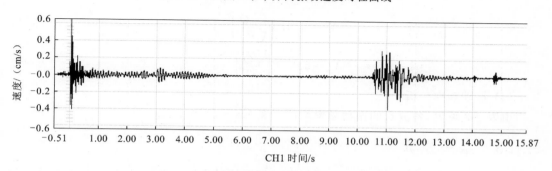

图 5-18　测点 6 垂直方向振动速度时程曲线

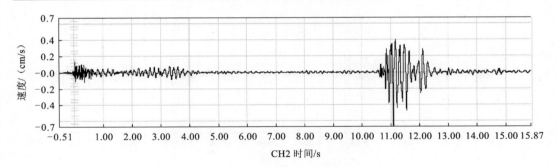

图 5-19　测点 6 水平方向振动速度时程曲线

（3）振动速度分析

从图 5-4～图 5-19 速度波形图可整理得各测点的爆破振动速度监测表 5-3。

表 5-3　各测点的爆破振动速度

测点位置	最大振速/(cm/s)			主频/Hz			爆心距/m	最大段药量/kg
	X	Y	Z	X	Y	Z		
1♯粉煤灰公司	0.673	0.357	0.285	6.473	5.006	9.368	350	
2♯斗门广场民房	0.718	0.480	0.259	4.283	6.070	5.355	284	
3♯青山北路民房	0.627	0.513	0.366	9.662	3.367	8.658	450	68
4♯升压站	1.026	0.756	0.673	4.278	3.381	5.256	160	
5♯烟囱后厂房	1.467	1.052	—	5.676	9.399	—	70	
6♯七里村民房	0.665	0.637	—	6.104	11.050	—	260	

表 5-3 显示，各测点振动速度的峰值均远小于 2.0 cm/s，按照速度控制标准，此次爆破对周边建筑物不会造成危害。

根据萨道夫斯基公式对测试数据进行回归，得到爆破地震波衰减公式如下，其中置信系数为 0.96，

$$V_x = 6.981 \left(\frac{\sqrt[3]{Q}}{R} \right)^{0.69} \tag{5-3}$$

$$V_y = 4.426 \left(\frac{\sqrt[3]{Q}}{R} \right)^{0.5} \tag{5-4}$$

$$V_z = 5.819 \left(\frac{\sqrt[3]{Q}}{R} \right)^{0.489} \tag{5-5}$$

（4）振动频率分析

由表 5-3 可见，各测点的振动频率均位于 3.367～11.050 Hz。

5.1.3　结果分析

1）整个振动波持续时间约为 25 s，前 6 s 振动信号为炸药爆炸引起振动，18 s 后的振动信号为烟囱倒塌触地后产生的振动，从测试波形可看出触地产生的地震波振速较大。

2）本次爆破各测点的振动频率均位于 3～11 Hz，在此范围内除 4# 和 5# 点外，振速均小于 1 cm/s，且这两个测点均为钢筋混凝土厂房，也在安全范围内。根据表 5-2 的安全标准，本次爆破对附近居民建筑不会造成危害。

5.2　应力应变测试

5.2.1　电阻应变测试原理

5.2.1.1　电阻应变测量技术简介

电阻应变测量技术基本原理是：在被测的构件上固定电阻应变片，当构件受力变形时电阻应变片的电阻值也发生变化。通过电阻应变仪将电阻应变片中的电阻变化值测定出来，并换算成所需要的应力值和应变值。电阻应变测量技术是用电阻应变片测定构件的表面应变，再根据应变、应力关系确定构件表面应力状态的一种实验应力分析方法。

电阻应变测量技术是实验应力分析应用最广和最有效的方法之一，主要优点有：①测量精度与灵敏度高。测量精度可达 1%，应变最小读数可达 10^{-6}。②电阻应变片一般不会干扰构件的应力状态，重量轻，尺寸小，安装方便。③测量范围广，常温箔式电阻应变片最小栅长为 0.2 mm，特殊的大应变电阻应变片可测到 23% 的应变值。④频率响应好，电阻应变片响应时间约为 10^{-7} s，可以测量从静态到 10 万 Hz 的动应变。⑤能进行无线电遥测和远距离测量，便于实现数字化和自动化。⑥应用范围广泛，可制成各种测量力、压力、位移、加速度等力学量的高精度传感器，在工业及科学实验研究中作为控制或监视的敏感元件，可应用于高低温、高速旋转、高压液、强磁场及核辐射等环境下的测量。其主要缺点是：①对局部应力集中处的测量结果误差较大，由于电阻应变片有一定的栅长，测得的是范围内的平均应变。②无法测定构件内部的三维应力和应变，只能测量构件表面上的应变。③电阻应变片贴片要求高，只能使用一次；测量仪器比较复杂且易受强磁场和其他恶劣环境的影响。

5.2.1.2　电阻应变片

（1）电阻应变片的基本构造

电阻应变片的构造很简单，将一条很细而具有高电阻率的金属丝，采用 0.012～0.05 mm 的镍铬或铜镍合金丝在制片机上排绕成栅状后，用胶水粘在两片薄纸之间，再焊上引出线，就形成了早期常用的丝绕式电阻应变片。电阻应变片一般由敏感栅（金属丝）、黏结剂、基底、引线和覆盖层组成，如图 5-20 所示。

基底与试件直接接触，并用黏结剂相互粘牢。其作用是保证电阻片与试件共同变形，以准确地把试件变形传递给敏感栅，而且保证试件与敏感栅之间有足

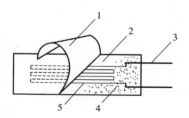

图 5-20　丝绕式应变片
1.覆盖层；2.基底；3.引出线；
4.黏贴剂；5.敏感栅

够大的绝缘度。基底常用纸基或胶膜薄片制成。覆盖层的作用是保护敏感栅,防止有害介质腐蚀,材料与基底相同。

图 5-21 为常用形式的电阻应变片。测量时在被测的构件表面上固定电阻应变片,当构件受力变形时,电阻应变片的金属丝也发生变形,其电阻值也发生相应的变化。在小变形条件下,构件的应变与电阻应变片的电阻值的变化有确定的线性关系。

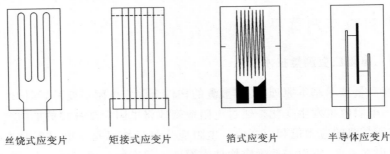

丝绕式应变片　　　　矩接式应变片　　　　箔式应变片　　　　半导体应变片

图 5-21　常用形式的电阻应变片

(2) 电阻应变片的工作原理

早在 1856 年英国物理学家就发现了金属的电阻应变效应,即金属导体的电阻随着它所受的机械变形(伸长或缩短)的大小而发生变化。这就是电阻应变法赖以工作的物理基础。

金属导体的电阻与它的电阻系数和几何尺寸(长度或界面)有关,在承受机械变形的过程中,这两者都要发生变化,因而引起电阻的变化。

设有一长度为 l、截面积为 A(直径为 D、体积为 V)、材料电阻率为 ρ 的金属丝,其电阻 R 可以表示为

$$R = \rho \frac{l}{A} \tag{5-6}$$

金属丝因受力变形引起的电阻相对变化率可通过对式(5-6)两边取对数并微分得到

$$\frac{\mathrm{d}R}{R} = \frac{\mathrm{d}l}{l} - \frac{\mathrm{d}A}{A} + \frac{\mathrm{d}\rho}{\rho} \tag{5-7}$$

根据金属物理和材料力学理论知 $\frac{\mathrm{d}A}{A}$,$\frac{\mathrm{d}\rho}{\rho}$ 与 $\frac{\mathrm{d}l}{l}$ 呈近似线性关系,即

$$\frac{\mathrm{d}A}{A} \approx 2 \frac{\mathrm{d}D}{D} = -2\mu \frac{\mathrm{d}l}{l} \tag{5-8}$$

$$\frac{\mathrm{d}\rho}{\rho} \approx C \frac{\mathrm{d}V}{V} = C\left(\frac{\mathrm{d}A}{A} + \frac{\mathrm{d}l}{l}\right) = C(1-2\mu)\frac{\mathrm{d}l}{l} \tag{5-9}$$

代入式(5-7)可以得到

$$\frac{\mathrm{d}R}{R} = [(1+2\mu) + C(1-2\mu)]\frac{\mathrm{d}l}{l} \tag{5-10}$$

式中:μ 为金属丝材料的泊松比;C 为与材料种类和加工方法有关的常数。令

$$K_s = (1+2\mu) + C(1-2\mu) \tag{5-11}$$

因 $\mathrm{d}l/l=\varepsilon_s$，这样式（5-10）成为

$$\frac{\mathrm{d}R}{R}=K_s\varepsilon_s \tag{5-12}$$

金属丝电阻相对变化率 $\mathrm{d}R/R$ 与它的线应变 ε_s 成正比。比例系数为 K_s，称为金属丝的灵敏系数。

金属丝若是矩形等其他截面亦可得到相同结果。

应变片被粘在试件上并随试件的受力而一起变化时，整个栅丝电阻的变化率的大小 $\Delta R/R$ 与被应变片敏感栅覆盖的构件处沿敏感栅轴向的平均应变 ε 有类似的关系

$$\frac{\Delta R}{R}=K\varepsilon \tag{5-13}$$

式中：K 为电阻应变片的灵敏系数。应变片的灵敏系数，通常由制造厂家测定，称为应变片标定。一般有等弯矩梁、等强度梁两种方法。

（3）电阻应变片的粘贴

常温应变片的安装是采用以黏结剂粘贴的方法。贴应变片是测量准备工作中最重要的项目。在测量中，构件表面的变形通过黏结层传给敏感栅。显然，只有黏结层均匀、结实、不产生蠕滑，才能保证敏感栅如实地再现构件的变形。因此，精心粘贴很有必要。应变片的粘贴靠手工操作，手法是否准确应在实践中体会和积累经验，而这一点极易被忽视。应变片的粘贴过程主要有：① 检查、分选应变片；② 构件测点表面的准备；③ 贴片；④ 固 化；⑤ 检 查；⑥ 固定导线。

（4）电阻应变片的防护

实际测量中，应变片可能处于多样的环境中，有时要求对贴好的应变片采取相应的防护措施，以保证它的安全可靠。设法使应变片与外界有害因素如水、蒸汽、机油等隔离，有时还兼有一定的机械保护作用。防护方法的选择取决于应变片的工作条件、工作期限及所要求的测量精度。防护方法很多，并不断地有所改进和创新，常用覆盖石蜡、凡士林或防潮剂等方法。

5.2.1.3　测量电路

使用电阻应变片测量应变时，必须有适当的方法检测其阻值的变化。一般是将电阻应变片接入某种电路，使电路输出一个能模拟这个电阻变化的电信号。使用电阻应变仪对这个电信号进行处理，它的输入回路称为应变电桥。

（1）直流电桥的输出电压

以应变片或电阻元件作为桥臂，选取 $R_1\sim R_4$ 均为应变片，也可以在非应变片桥路中接入电阻温度系数很小的精密无感固定电阻。顶点 A、C 和 B、D 分别称为电桥的输入和输出端（电源端和测量端）。

输入端加一定电压，可以是直流电或交流电。当输出端开路时，根据电路理论，应变电桥的输出总是接到电子放大器的输入端，放大器的输入阻抗一般很大，可以近似认为电桥输出端是开路的，称该电桥为电压桥，见图 5-22 和图 5-23。问题化简为求 B、D 点

间的

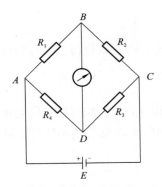

图 5-22　直流电桥

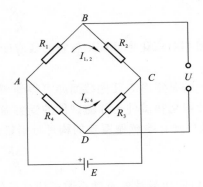

图 5-23　电压输出桥

电势差,输入电压 E 恒定,因 B、D 间开路,故电流

$$I_{1,2}=\frac{E}{R_1+R_2}, \quad I_{3,4}=\frac{E}{R_3+R_4} \tag{5-14}$$

电阻 R_1 和 R_4 上的电压降分别为

$$U_{AB}=\frac{ER_1}{R_1+R_2}, \quad U_{AD}=\frac{ER_4}{R_3+R_4} \tag{5-15}$$

分别等于 A 点和 B 点,A 点和 D 点的电势差

$$U_{AB}=U_A-U_B, \quad U_{AD}=U_A-U_D \tag{5-16}$$

可得 D、B 点的电势差,电桥输出电压

$$U_D-U_B=U_{AB}-U_{AD}=\left(\frac{R_1}{R_1+R_2}-\frac{R_4}{R_3+R_4}\right)E=\frac{R_1R_3-R_2R_4}{(R_1+R_2)(R_3+R_4)}E=U \tag{5-17}$$

电阻值有变化 ΔR 时分别代入并展开,其中 $R_1R_3=R_2R_4$ 电桥处于平衡,忽略分母中的 $\Delta R/R$ 的二次项,令 $R_2/R_1=1$,电桥的输出电压为

$$U=\frac{rE}{(1+r)^2}\left(\frac{\Delta R_1}{R_1}-\frac{\Delta R_2}{R_2}+\frac{\Delta R_3}{R_3}-\frac{\Delta R_4}{R_4}\right)\times\left[1+\frac{r}{1+r}\left(\frac{\Delta R_2}{R_2}+\frac{\Delta R_3}{R_3}\right)\right.$$
$$\left.+\frac{r}{1+r}\left(\frac{\Delta R_1}{R_1}+\frac{\Delta R_4}{R_4}\right)\right]^{-1} \tag{5-18}$$

对于电阻应变仪的设计,应变桥有两种方案:等臂电桥,各电桥初始阻值相等;半桥臂电桥,$R_1=R_2=R'$,$R_3=R_4=R''$。R' R'',均满足 $r=1$。故输出电压变为

$$U=\frac{E}{4}\left(\frac{\Delta R_1}{R_1}-\frac{\Delta R_2}{R_2}+\frac{\Delta R_3}{R_3}-\frac{\Delta R_4}{R_4}\right)\times\left[1+\frac{1}{2}\left(\frac{\Delta R_2}{R_2}+\frac{\Delta R_3}{R_3}+\frac{\Delta R_1}{R_1}+\frac{\Delta R_4}{R_4}\right)\right]^{-1} \tag{5-19}$$

引入非线性误差

$$e=\left|\frac{1}{2}\left(\frac{\Delta R_1}{R_1}+\frac{\Delta R_2}{R_2}+\frac{\Delta R_3}{R_3}+\frac{\Delta R_4}{R_4}\right)\right| \tag{5-20}$$

在构件上布置应变片时,力图使应变桥相邻桥臂的电阻变化异号,相对桥臂的电阻变化同号。最大非线性误差(单桥臂)为

$$e=\frac{1}{2}\frac{\Delta R_1}{R_1}=\frac{1}{2}K\varepsilon_1 \tag{5-21}$$

得到一个线性关系式

$$U = \frac{E}{4}\left(\frac{\Delta R_1}{R_1} - \frac{\Delta R_2}{R_2} + \frac{\Delta R_3}{R_3} - \frac{\Delta R_4}{R_4}\right) \tag{5-22}$$

得到应变电桥的重要性质：应变电桥的输出电压与相邻两臂的电阻变化率之差，或相对两臂电阻变化率之和成正比。

（2）标定电路

超动态应变测量时，若采用直接测量 ΔU 来计算应变 ε，是很难保证其准确性的。电路中的电阻、放大器的放大作用及测量系统的阻值匹配等都影响输出的电压值。通常采用并联电阻法对应变直接进行标定。

标定电阻 R_c 的大小可根据量测应变值的大小来估算。将 R_c 并联到连接电阻 R_g 的支路上，支路的电阻变化量为

$$\Delta R = R_g - R_g R_c / (R_g + R_c) = R_g^2 / (R_g + R_c) \tag{5-23}$$

转换上式得

$$\Delta R / R_g = R_g / (R_g + R_c) = K \cdot \varepsilon_c \tag{5-24}$$

则

$$R_c = R_g (1 - K \cdot \varepsilon_c) / K \varepsilon_c \approx R_g / (K \varepsilon_c) \tag{5-25}$$

由上式可估算出 R_c 的大小。测量时，根据应变信号 ε_c 的量级来选择 R_c 的挡次。

（3）电压放大电路

超动态应变测量时，其电路的输出为电压信号，因此，需要选用电压放大器。电压放大器的输入阻抗和频带宽度是设计电压放大电路的两个重要参数。为减小放大电路的输入阻抗对应变测量电路输出电压的影响，通常采用高阻抗的输入级进行阻抗变化。超动态应变信号，其主频信号通常在 10～100 kHz 范围，当实验室模型试验采用小药量爆炸源时，信号频率可达 200 kHz 以上。因此为确保放大信号不失真，放大电路必须具有高频放大特性。

5.2.2　现场测试

5.2.2.1　测试背景及内容

江西南昌发电厂位于南昌市青山支路 57 号，原有 1×125 MW 和 1×135 MW 两台机组，2009 年 4 月响应国家"上大压小"能源政策正式关停，但升压站及厂用电仍在运行，两台关停机组的部分设备拆除工作已于 2011 年 5 月 18 日开始，210 m 高钢筋混凝土烟囱，因高大且坚固，需要采用控制爆破技术拆除。为研究该 210 m 烟囱在爆破拆除过程中结构受力情况及其稳定性分析，需对烟囱中部分钢筋的应力应变情况进行测试。

5.2.2.2　测试方案

（1）测试系统布置

动态应变测试系统由 TA120-6AA(10％)型大应变电阻应变计、DH5935 动态电阻应

变仪及计算机组成,如图 5-24 所示。在实际测试时考虑到安全性,将动态电阻应变仪布置于安全区域,用 100 m 长的电缆对应变片与仪器进行连接。为保证测试信号的准确,减小外界干扰信号的影响,本次测试电源采用蓄电池直流供电,连接电缆采用 RVVP 四芯屏蔽电缆,并对仪器和电缆进行良好接地处理。

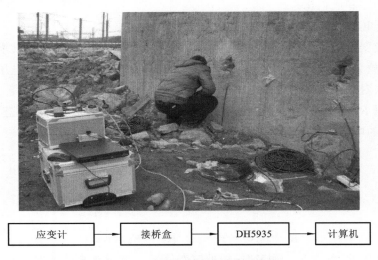

| 应变计 | → | 接桥盒 | → | DH5935 | → | 计算机 |

图 5-24　动态应变测试系统示意图

考虑到烟囱中部分钢筋在烟囱倒塌过程中将产生塑性变形,常用应变计的测量变形范围仅为 2%,故本次测试传感器采用 TA120-6AA(10%)型大应变电阻应变计,其电阻为 120.8 Ω,灵敏度系数为 $K_P=2.07$,可测最大变形范围为 10%。

DH5935 动态电阻应变仪可对应变计组成的电桥输出信号进行调理、预处理和采样,并实时传送至计算机对信号进行存储和处理。仪器配备 8 个采样通道,A/D 分辨率为 14 bit,采样速率准确度达 0.02%,满度线性度为 0.1%,从而为获取高质量记录提供了技术保证。仪器的工作原理系统框图如图 5-25 所示。

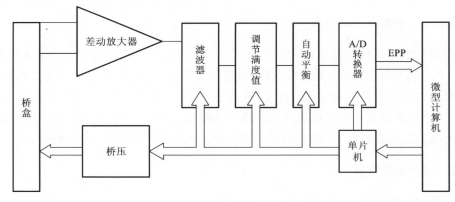

图 5-25　仪器的工作原理系统框图

（2）测点布置方案

根据受力分析及以往对高耸建构物爆破拆除的经验，在烟囱预定倒塌方向的背面距地面 1 m 的底部区域在对称位置选取 4 根钢筋进行测试。首先啄开混凝土使 4 根螺纹钢裸露，然后用砂轮机对钢筋表面进行打磨，再用细砂纸精磨至平整，然后用丙酮清洗表面并涂上环氧树脂黏合剂，最后粘贴 4 个 TA120-6AA 型大应变电阻应变计并做相应防护。每个测点配置 1 片温度补偿片进行温度补偿，具体布置情况见图 5-26。

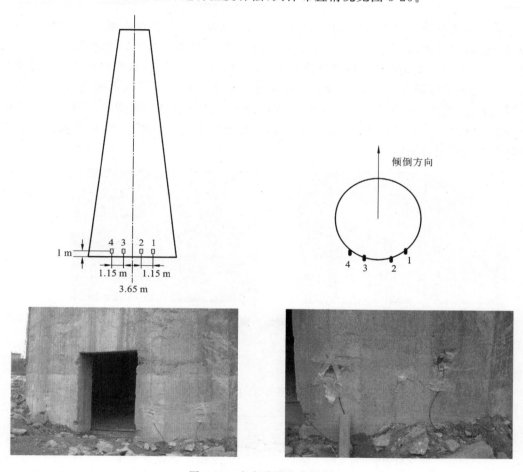

图 5-26　应变片测点布置图

5.2.2.3　测试数据及分析

在起爆前将动态应变仪与应变片通过电缆连接好，然后对各通道进行调零平衡，在起爆前约 8 s 开始采集数据。需要注意的是实际测试得到的应变值是钢筋受力后的变化值，钢筋的初始应力状态并不包含在数据内。表 5-4 为本次测试时各测点所测瞬态最大应变应力值。

表 5-4　测点瞬态最大应变应力值

测点编号	仪器通道	瞬态最大应变值/με	瞬态最大应力值/MPa
1	1~2	1 517.7	312.6
2	1~3	1 898.9	391.1
3	1~4	2 117.2	436.1
4	1~5	1 938.1	399.2

　　由于实测是在钢筋表面沿轴向粘贴应变片,故实测应力值按单向胡克定律进行计算。分析上表数据可看出钢筋的最大应变值均为正,且产生的时间均在起爆后烟囱倒塌的过程中,这与实际情况相符合。根据国家标准(GB 1499—2008)中Ⅰ级螺纹钢的力学性能要求,材料的屈服极限为 335 MPa,实测的瞬态最大应力值均大于或接近该值,说明在烟囱倒塌过程中,其底部区域的钢筋已产生了塑性变形。另外通过烟囱倒塌后钢筋测点状况图 5-27 可以看出,烟囱倒塌后底部切断位置正好与开始贴片位置一致,说明本次测试选择的测试位置是合适的。

应变片

图 5-27　烟囱倒塌后钢筋测点状况图

5.2.2.4　实测各点动态应变波形

　　实测各点动态应变波形如图 5-28~图 5-31 所示。

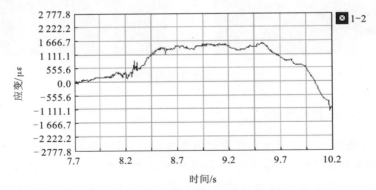

图 5-28　1 号测点时间(横轴)-应变(纵轴)历程图

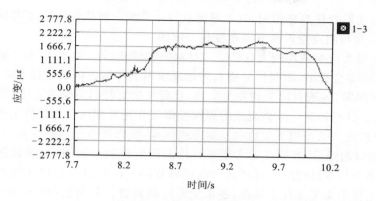

图 5-29　2 号测点时间(横轴)-应变(纵轴)历程图

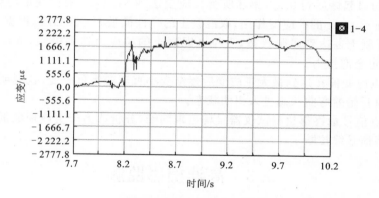

图 5-30　3 号测点时间(横轴)-应变(纵轴)历程图

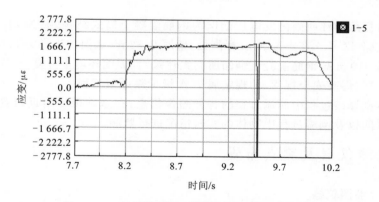

图 5-31　4 号测点时间(横轴)-应变(纵轴)历程图

5.2.3　结果分析

1) 在未起爆前各测点的零点漂移误差仅 $\pm 3\,\mu\varepsilon$ 左右,且所测信号曲线光滑无毛刺,说明本次测试外界干扰很小,测试的数据精度较高。

2)各测点波形变化趋势相同,且1号测点与4号测点数值较接近,2号测点与3号测点数值较接近,这与测点按对称方向布置是一致的。

3)各测点最大应变值均较大且已进入材料的塑性变形区域,说明本次测试选择的大应变电阻应变计是合适的,所测信号能真实地反映钢筋在烟囱倒塌过程中的应变情况。

4)在刚起爆时,各测点应变均先为负值,然后在极短时间后变为正值,说明钢筋先是受压随后受拉。分析认为产生该现象的原因是爆破作用后烟囱首先整体下坐,钢筋受压,然后烟囱由于在重力的作用下失稳向预定方向倒塌,使得测点处钢筋受拉。

5)烟囱切口起爆后,各测点的大变形计均测到爆破初至振波,其爆破振波位移幅值为毫米级,频率为200 Hz左右,延时几十毫秒后衰减。说明随着切口区筒壁混凝土因爆破抛出,烟囱上段重力突加在支撑部,各大变形计测到突加载荷引起的压缩变形,其位移幅值较静荷载引起的位移大,因此在校核支撑部强度的时候需要考虑动载荷的影响。

6)烟囱切口起爆后约0.1 s钢筋所受拉应变达到81.4 $\mu\varepsilon$,根据变形协调原理,此时混凝土也受到81.4 $\mu\varepsilon$的拉应变作用,取混凝土的弹性模量 $E=30$ GPa,根据 $\sigma=E\varepsilon$ 计算,部分受压区混凝土也达到屈服状态,受拉区混凝土的拉应力达到极限,抗拉强度发生破坏,由钢筋承担全部拉力。

7)各测点应变值在达到最大正应变后逐渐变小直至变为负应变,这说明在烟囱倒塌过程中钢筋由开始的弯曲状态进入扭曲状态。

8)各测点信号最终都超测试仪器量程出现削峰,分析认为产生该现象的原因是烟囱倒塌过程中将信号线拉断了。

5.3 高速摄影监测

5.3.1 概述

本次爆破拆除的江西南昌发电厂烟囱为钢筋混凝土筒式结构,高为210.00 m,位于南昌市青山支路57号。在±0.00 m标高处,壁厚0.62 m,烟囱内半径为8.62 m,外半径为9.24 m。该210 m高钢筋混凝土烟囱属高大建筑,且周围环境十分复杂,需采用控制爆破技术拆除。按《爆破安全规程》的规定属于A级拆除爆破工程。

为评价本次爆破过程中倒塌过程的各种图像信息,在爆破现场附近布置高速电子摄影仪对爆破瞬间以及倒塌过程中物体的实时情况进行监测。

5.3.2 监测仪器及测点布置

5.3.2.1 监测仪器

NAC MEMRECAM GX-5高速摄影仪器是由一台主机(DRP)连接多个摄像头,可从不同方向同时拍摄被摄物的多摄像机系统。主机与安装GX-Link控制软件的笔记本电脑相连,通过手持型遥控器J-PAD3进行触发。该仪器可由便携式抗冲击电池供电,也可直接采取220 V交流电源供电,本次测试采取外接交流电源供电。NAC MEMRECAM GX-5高速摄影仪的系统结构图如图5-32所示。

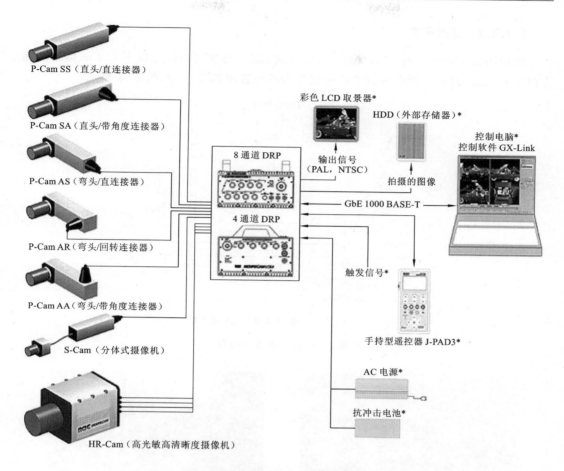

图 5-32　高速摄影仪的系统结构图

GX-5 高速摄像机主要性能如下：

1）有 2 种主机（4 通道/8 通道）、3 种摄像头（超小型/便携式/高清晰），拍摄区域广泛，可以用来记录色彩鲜艳的 122 万像素彩色/黑白图片。

2）采用最新的互补金属氧化物半导体（CMOS）传感器技术，感光性好，达到 ISO1000 彩色，ISO4000 单色；分辨率高，可以设置全帧 1 000 帧/秒（最大可达到 100 000 帧/秒（32×24 像素））进行拍摄。

3）为了消除动态像移，获得清晰的图像，电子快门最快可达 1/200 000 s。

4）体积小，重量轻，携带和安装方便，适用于爆破现场的高速摄影观测；重量不足 4.5 kg，主机约 290 mm（宽）×142 mm（高）×240 mm（深）。

5）能够经受高达 100G@11ms 的振动冲击，抗图像浮散能力出色。

6）内存容量 4 G，在常用幅频条件下记录时间范围为 1.7～23.8 s，适用于爆破过程观测。配制 GX-Link 控制软件，同步装置适应性强，能方便地与起爆系统或各类电测系统实现同步。

5.3.2.2　仪器布置

本次测试工作将一台 NAC MEMRECAM GX-5 高速摄影仪布置于 210 m 烟囱西北方向 15 层居民楼顶。测点布置平面图以及现场布置图如图 5-33、图 5-34 所示。

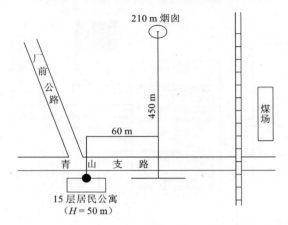

图 5-33　测点布置平面图

图 5-34　现场布置图

5.3.3　高速摄影监测结果及其分析

5.3.3.1　高速摄影前准备工作

为了确保烟囱能准确地按设计方向倒塌,必须保证支撑区的对称,开凿定向窗是保证支撑区对称的重要措施,本次爆破定向窗采用绳锯法切割。

5.3.3.2　测试图像

此次实施 210 m 烟囱定向爆破从起爆到最终完全倒塌共历时约 18 s,在进行高速摄影时本次监测像素设置为 512×384 像素,拍摄速率设置为 500 fps,共采集到前 18 s 烟囱爆破倾倒图像,各时刻烟囱倾倒图像如图 5-35～图 5-52 所示。

图 5-35 $t=1$ s,角度$=0°$

图 5-36 $t=2$ s,角度$=1°$

图 5-37 $t=3$ s,角度$=1°30'$

图 5-38 $t=4$ s,角度$=2°30'$

图 5-39 $t=5$ s,角度$=3°18'$

图 5-40 $t=6$ s,角度$=4°42'$

图 5-41　$t=7$ s,角度$=5°30'$

图 5-42　$t=8$ s,角度$=6°$

图 5-43　$t=9$ s,角度$=8°$

图 5-44　$t=10$ s,角度$=10°$

图 5-45　$t=11$ s,角度$=12°$

图 5-46　$t=12$ s,角度$=13°$

图 5-47　$t=13$ s，角度$=15°$

图 5-48　$t=14$ s，角度$=20°$

图 5-49　$t=15$ s，角度$=65°$

图 5-50 $t=16$ s,角度$=71°$

图 5-51 $t=17$ s,角度$=79°$

图 5-52 $t=18$ s,角度$=90°$

5.3.3.3　结果分析

1）烟囱从起爆到最终完全倒塌共历时约 18 s，这与爆破振动测试信号的时间是完全吻合的。

2）烟囱起爆后约 1 s 时间内几乎未有倾斜发生，说明起爆后烟囱首先整体下坐，随后才开始缓慢倾倒，这与烟囱底部钢筋应变测试的结果是一致的。

3）$t=0\sim4$ s 内烟囱倾斜速度很慢，倾斜角度也很小，仅达到 2°30′。说明开始阶段为定向窗切口闭合过程，到 4 s 左右时切口完全闭合。

4）烟囱整个倾倒过程有两个加速阶段，第一阶段：$t=5\sim6$ s，角度变化 3°18′～4°42′；第二阶段：$t=14\sim15$ s，角度变化 20°～60°。

5）根据 $t=15$ s 时的图像可看到，烟囱在距底部 105 m 处产生折断。

第6章 高耸构筑物爆破拆除
关键技术及工程应用

6.1 高耸构筑物爆破拆除的核心关键技术

6.1.1 定向窗精确开凿技术

随着我国工业化进程的高速发展,很多大型工厂企业面临着搬迁或生产设备更新换代的情况,同时为了响应国家"上大压小、节能减排"的政策,很多中小型火电机组关停、改建。这些工作将面临大量的高大钢筋混凝土烟囱的拆除问题。在烟囱爆破拆除的过程中,倾倒方向偏差是烟囱爆破工作中最严重的安全事故,一旦发生则损失惨重,其破坏是不可阻挡、无法恢复的。为保证倾倒方向的准确,定向窗的精确开凿无疑是最为重要的一个技术手段。

在混凝土烟囱的拆除爆破过程,传统开凿定向窗的工艺中多利用凿岩机、破碎锤、风镐、人工开凿等方法进行开凿,存在以下缺陷。

1)采用破碎锤、风镐、人工开凿等方法劳动强度高,且尺寸开凿精度低,经常发生两次不对称、超挖或欠挖等情况。

2)利用破碎锤进行开口时,筒壁内部的钢筋交错会连带保留部分的混凝土块,导致超挖,而没有被连带下来的部分也会存在大量的微裂隙,在爆破切口形成的瞬间在超压冲击波的影响下会形成裂隙发育,导致烟囱两侧受力不均而影响爆破效果。

3)超高烟囱一般筒体强度大,需利用大型设备开口,受场地环境限制。

以上技术缺陷将导致如下安全问题:

1)定向窗尖角的位置就是爆破切口的定点,其位置决定了烟囱爆破切口的底边宽度,定向窗每向侧向偏离 1°,则在高大烟囱爆破倾倒过程中,烟囱顶部就会偏移 2.6~3.7 m 的距离,整个危害范围就会扩大 392.6~769.6 m²。

2)定向窗保留部分的平滑完整性直接影响到烟囱倾倒时切口闭合的对称情况从而影响烟囱倾倒的方向。

3)爆破切口形成的瞬间,定向窗部位将承担上部构件的压力,故左右两侧的承压能力必须相同,否则支撑能力的差异亦会导致烟囱倾倒偏离。

本技术的目的是针对现有高大混凝土烟囱定向窗开凿方法中存在的高人工强度、低施工精度的不足,提供一种高大钢筋混凝土精确开凿定向窗的方法。

本技术采用钻孔取芯机或者绳锯精确开凿定向窗,与传统工艺相比,选用的开凿设备机动灵活,不受环境、场地限制;定向窗保留部分结构保存完整、无超挖欠挖现象;钻孔取芯机开凿的定向窗保留的混凝土烟囱筒壁表面平整度提高了 3~5 倍,绳锯开凿的定向窗尺寸精确,开凿后侧壁光滑,有利于保证烟囱在爆破切口形成瞬间两侧面顺利咬合,从而保证烟囱倾倒方向的准确。绳锯切割法精确开凿定向窗如图 6-1 所示。

图 6-1　绳锯切割法精确开凿定向窗

6.1.2　拱形超大开口导向窗技术

拱形超大开口导向窗技术是以倾倒中心线为准在爆破切口中部对称开凿拱形超大导向窗。导向窗开口宽度对应圆心角为 45°～55°，导向窗高度约为爆破切口上弧长的一半，上部为拱形结构，拱形结构以保证在结构足够可靠的前提下破坏积灰平台井字梁的结构，尽可能处理井字梁倒塌方向部分，并横梁切断。

拱形超大开口导向窗的开凿，减少了钻孔量、炸药量和爆破振动，提高了炸高。同时，在爆破前破坏圈梁，有利于底部筒壁的整体破碎。当塔体倾倒时，塔体触地面变成了类似简支梁的条带薄壳结构，这样变成了若干个条带薄壳与地面接触，因此导致它的强度降低，随着触地的同时塌落体逐渐跨落，减小了整体对地面的同时冲击，延缓了大部分塔体的下落时间，形成逐渐塌落，实现"软着陆"。开凿拱形超大导向窗如图 6-2 所示。

图 6-2　开凿拱形超大导向窗

6.1.3　高耸构筑物爆破拆除综合防护技术

　　高耸建、构筑物的安全防护工作是一个系统工程,面对的困难更大,多种爆破拆除次生灾害同时产生,需要综合面对。目前国内很多专家都在有针对性地进行某一项或两项的专题研究,如缓冲堤坝的敷设材料、减振沟的宽度、缓冲堤坝的敷设技术等,但缺少对主要危险源进行的综合的、立体的、全面的应对体系,特别是对于烟囱触地破碎时的扬尘现象,还缺乏专门的应对措施。

　　高耸构筑物爆破拆除触地危害效应综合防护技术是在高耸构筑物垂直倾倒中心线上堆筑缓冲堤坝,在缓冲堤坝上敷设覆盖材料,在每两道缓冲堤坝之间开挖辅助槽,在缓冲堤坝两侧开挖减震沟,减震沟与最外围的辅助槽闭合联通。缓冲堤坝、减震沟、辅助槽将整个倒塌空间封闭起来,形成了综合防护系统。爆破前需在辅助槽内注水,水高小于等于50 cm。减振-降尘辅助槽开挖示意图见图 6-3,高耸构筑物爆破拆除触地危害效应综合安全防护体系示意图见图 6-4。

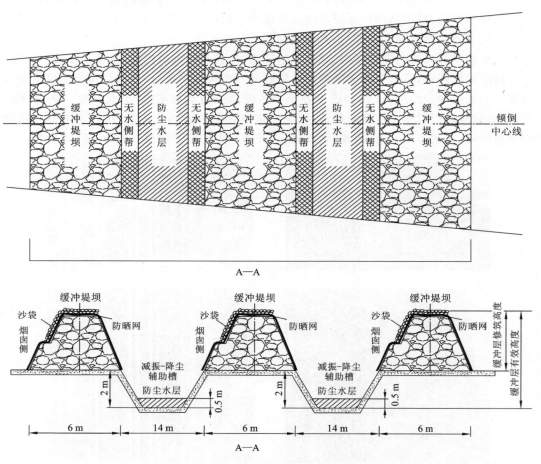

图 6-3　减振-降尘辅助槽开挖示意图

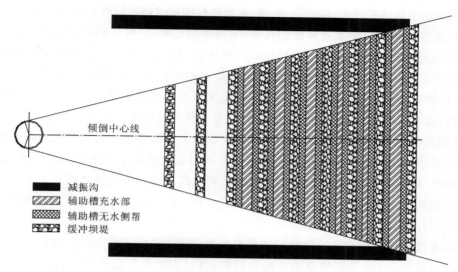

图 6-4　高耸构筑物爆破拆除触地危害效应综合安全防护体系示意图

高耸构筑物爆破拆除触地危害效应综合防护技术的有益效果是：建立了以缓冲堤坝防护为主体，减震沟防护和辅助槽为辅的综合防护系统，通过缓冲堤坝及辅助槽的联合作用吸收烟囱倾倒触地时的冲量，减少飞溅和爆破地震的源头强度，通过减振沟控制触地振动的传播，通过高耸建、构筑物触地能量击水产生局部水幕控尘，达到有效控制烟囱触地振动、飞溅和扬尘危害的效果。

6.1.4　多层柔性复合材料交叉近体防护技术

随着我国城市化进程和节能减排工作的深入开展，大量高能耗机组将被淘汰，大量的高耸钢筋混凝土烟囱面临拆除。高大钢筋混凝土烟囱在爆破拆除过程中为保证其倾倒效果，多采用大单耗装药，必然面临爆破飞石的次生灾害，严重威胁着周围人员、设备设施的安全，为此在钢筋混凝土烟囱拆除爆破时必须进行近体防护。传统近体防护措施，一般在爆破对象周围一定距离搭设钢管架，内侧用跳板、木板、竹排、草垫等材料固定，防止飞石。现有近体防护措施存在以下不足：

1）使用刚性材料，不但成本高而且会导致飞石与材料碰撞转向或材料本身受高压冲击波的影响而产生二次破坏的问题。

2）硬性材料搭接部分必然产生防护死角，需加强防护。

3）硬性防护装置受到空气冲击波的高压作用后分散速度快，防护时间短。

4）使用的跳板、木板、竹排、草垫等人工材料，因材料不同有很大的强度差异，很难在试爆前掌握防护规模和工作量，不利于施工管理。

研究多层柔性复合材料交叉近体防护技术的目的是克服现有近体防护措施中会产生二次破坏、防护死角多、防护时间短和无法量化控制的缺陷，提供一种在钢筋混凝土烟囱拆除爆破中使用的近体防护装置,能安全、经济、有效地控制烟囱爆破时产生的爆破飞石。

多层柔性复合材料交叉近体防护技术(实用新型专利:一种在钢筋混凝土烟囱拆除爆破中使用的近体防护装置,201220112428.1)解决方案实现:是一种在拆除爆破中使用的近体防护装置,在烟囱拆除爆破的切口部位的烟囱侧布设钢钎的预埋孔,在预埋孔内固定安装钢钎,密目安全网用扎丝绑扎,在钢钎上交叉悬挂一组竖扎密目安全网,一组横扎密目安全网,在每组竖扎密目安全网和横扎密目安全网之间悬挂一组土工布,竖扎密目安全网、横扎密目安全网、土工布分别用铁丝绑扎在钢钎上。所述竖扎密目安全网由6块密目安全网在长边相连用扎丝绑扎组成。所述横扎密目安全网由6块密目安全网组成,6块密目安全网分两组,每组长边相连用扎丝绑扎,两组的宽边相连用扎丝绑扎。

本实用新型专利采用有国家标准的密目安全网、土工布架设防护装置,其强度、数量及工程量可计算,便于工程管理。

多层柔性复合材料交叉近体防护技术是对装药部位20层密目安全网和3层土工布进行悬挂式覆盖,以防飞石的溢出。覆盖材料:密目安全网不低于800目每100 cm²,长6 m、宽1.8 m,无跳针、漏缝,缝边应均匀,无断纱、破洞、变形及有碍使用的编织缺陷。性能符合《密目式安全立网》的相关要求。

土工布单位面积质量不低于450 g/m²,厚度不低于3.3 mm,断裂强度不低于14 kN/m,撕破强力不低于0.38 kN。基本无杂物(软质,粗粒径<5 mm),无破损、破洞,宽5.5 m,长100 m(每卷)。

(1)施工流程图

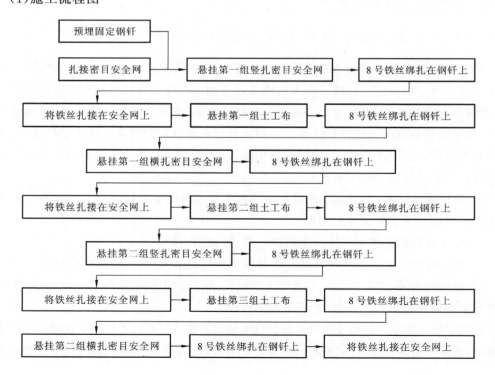

（2）关键技术

打孔过程中在预定位置打 20 cm 深的孔，插入钢筋，钢筋应牢固。预先扎接密目安全网，每 5 层一组，计 4 组 20 层，分为横扎和竖扎，如图 6-5～图 6-8 所示，每 20 cm 用两根扎丝扎紧，扎丝端头应扣至安全网内，以免划伤导爆管。按图 6-6 所示的顺序分别悬挂在预埋的固定钢钎上，而后分别用 8 号铁丝绑扎牢固，铁丝两端固定在剥离的钢筋或预埋的钢钎上，铁丝应拉紧且不应有接头。绑扎密目安全网的铁丝需用扎丝扎在安全网上，以增强防护的整体性。覆盖过程中，两端覆盖范围应大于防护面积，导向窗一侧应完全包裹以防死角。图 6-9 为多层柔性复合材料交叉近体防护图。

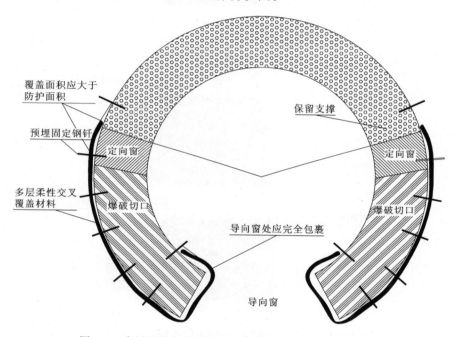

图 6-5　多层柔性复合材料交叉近体防护施工总体示意图

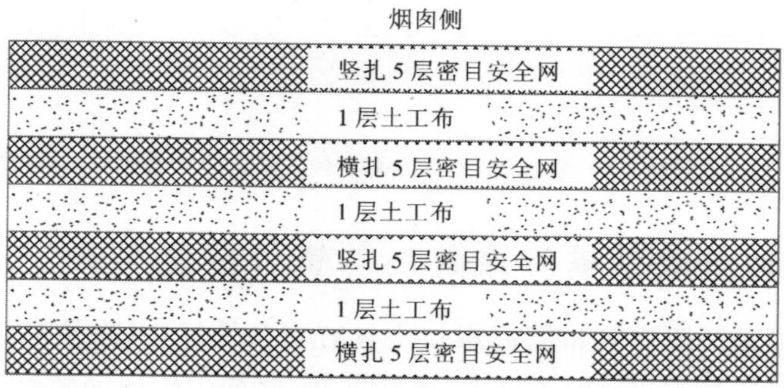

烟囱侧

竖扎 5 层密目安全网
1 层土工布
横扎 5 层密目安全网
1 层土工布
竖扎 5 层密目安全网
1 层土工布
横扎 5 层密目安全网

图 6-6　多层柔性复合材料交叉近体防护施工俯视图

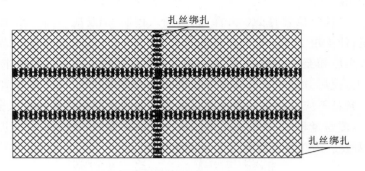

图 6-7　安全网绑扎-扎接工艺图

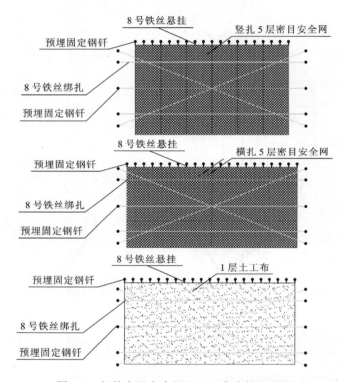

图 6-8　竖扎密目安全网和土工布防护立面图

6.1.5　高耸构筑物爆破拆除数码雷管起爆技术

高耸构筑物爆破拆除数码雷管起爆技术具有安全性好,可靠性高;不必担忧段别出错,操作简单快捷;雷管发火延时精度高,准确可靠,有利于控制爆破效应等优点,是爆破工程领域的前沿技术。

针对高耸构筑物爆破拆除研发的数码雷管起爆技术:切口分成对称的 6 个区,即东西

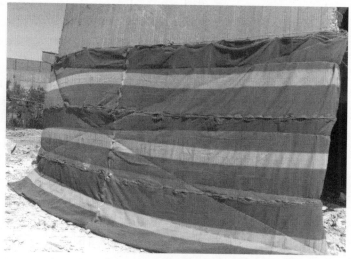

图 6-9 多层柔性复合材料交叉近体防护图(图版 XV,图版 XVI)

向各 3 个区(Ⅰ、Ⅱ、Ⅲ 区),每一个区内的电子数码雷管,并联接入一区域线上,再用主线接入一块 EBR-908 型铱钵表中;总起爆非电导爆管雷管的电子数码雷管并入东向的 Ⅲ 区;在起爆站,6 块 EBR-908 型铱钵表并联接入 1 台 EBQ-908 型主起爆器上,形成起爆系统——电子数码雷管铱钵起爆系统。采用了由北京北方邦杰科技发展有限公司研制,湖北东神卫东化工科技有限公司生产的"隆芯 1 号"数码电子雷管。起爆网路见图 6-10～图 6-12。

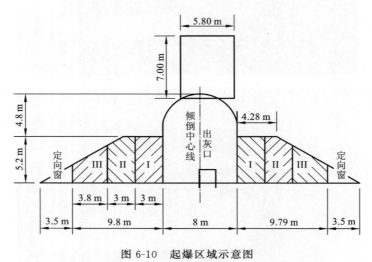

图 6-10　起爆区域示意图

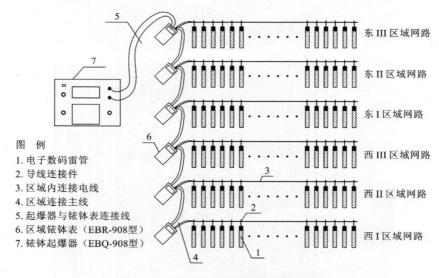

图 例
1. 电子数码雷管
2. 导线连接件
3. 区域内连接电线
4. 区域连接主线
5. 起爆器与铱钵表连接线
6. 区域铱钵表(EBR-908型)
7. 铱钵起爆器(EBQ-908型)

图 6-11　电子数码雷管起爆网路示意图

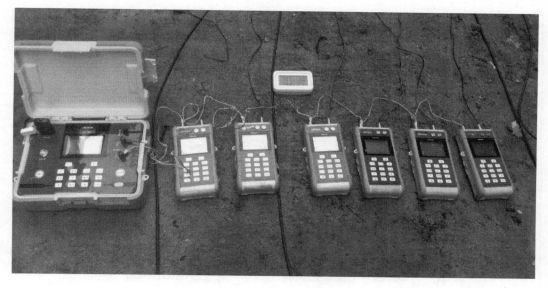

图 6-12　铱钵起爆系统

6.2　皖能合肥发电有限公司 2 座 90 m 高冷却塔及 150 m 高钢筋砼烟囱爆破拆除

6.2.1　工程概况

皖能合肥发电有限公司为执行国家"上大压小、节能减排"政策,决定拆除 3、4 号 125 MW 机组,新建大机组。待拆除的 3、4 号 125 MW 机组中有 2 座高 90 m 的钢筋砼冷却塔和 1 座高 150 m 的钢筋砼烟囱,这 3 座庞然大物"又高又胖",并且是加密钢筋砼体结构,如果用人工或机械拆除,不但费用高,安全也无法保证,工期至少要超过一年。因此采用控制爆破关键技术进行拆除。

6.2.1.1　工程环境

3、4 号机组 2 座冷却塔和 150 m 高钢筋砼烟囱的周围环境极其复杂。3 号机组冷却塔东偏北面 15°方向 266 m 远处是本次要一并拆除的 150 m 高钢筋砼烟囱,东偏南 20°方向 320 m 远处为本次要一并拆除的 4 号机组冷却塔,150 m 高钢筋砼烟囱与 4 号机组冷却塔相距 210 m,如图 6-13 所示。

3 号机组冷却塔修建于 1987 年,东面 5 m 远处是直径为 0.2 m 的供整个庐阳区使用的架空供热管道,10.6 m 远处为供热远程电子站,一定要确保安全;南面紧邻架空的直径为 0.2 m 的供热管道最近处只有 2 m,距离沉淀池 8.4 m;西面 15 m 远处有围墙,围墙外是城区道路,围墙上方 20 m 高处有南北走向的 110 kV 架空高压线;东北面距离建筑高度

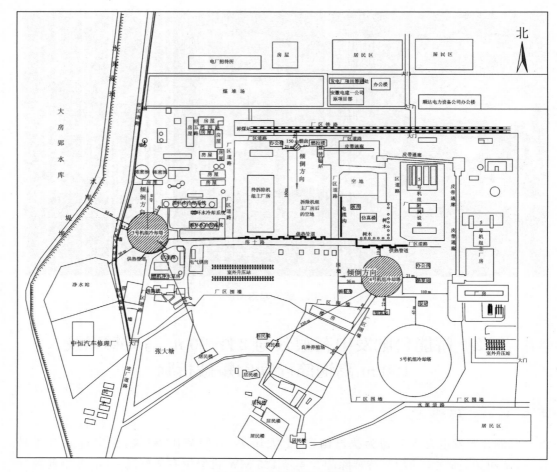

图 6-13　周围环境示意图

为 21.5 m 的循环水冷却系统 15 m;北面距离浓缩池操作室 40 m;西北方向距离化验室及大门 25 m,距大房郢水库大坝最近点为 84 m。

　　该冷却塔倾倒若砸坏供热管道将造成大面积供暖停止,若砸断 110 kV 架空高压等将引起大面积停电和事故,造成巨大经济损失,因此倾倒条件十分苛刻。

　　4 号机组冷却塔的周围环境也极其复杂,冷却塔修建于 1994 年,东面 21 m 远处为正在运行的 5 号机组循泵运行站及办公楼,150 m 远处为 5 号机组主厂房;南面距离制氢站 22 m,5 号机组冷却塔 65 m;西面距离升压站围墙 36 m;北面距离厂区道路南边架空的供热管道 10 m,距离仿真楼 55 m 远。该冷却塔倾倒若砸坏供热管道将造成大面积供暖停止,若砸坏制氢站将造成氢气泄漏乃至爆炸等巨大危险,整个 5 号机组将无法运行,造成的经济损失不可估量,因此倾倒条件相当苛刻。

　　150 m 高钢筋砼烟囱修建于 1987 年,东面距煤转运站及皮带通廊 34 m;东北面距离燃控楼 17 m;南面距离厂区道路北边架空供热管道 160 m,距离升压站 170 m;西面距办公楼 25 m,距离要保留的厂区房屋 55 m;北面距离厂区铁路围墙 30 m。

该烟囱倾倒若定位不准确,将有可能砸坏东面的仿真楼、实业公司办公楼,以及为 5 号机组供应燃料的输煤栈桥,导致电厂停产,造成巨大经济损失。

6.2.1.2　3、4 号机组 2 座冷却塔工程结构

3、4 号机组 2 座冷却塔都为钢筋砼双曲线对称结构,结构尺寸完全一样,高 90 m,相当于 38 层高的居民楼,地面 ±0 m 标高处直径为 73.5 m,有一座体育馆那么大,整座冷却塔相当于一栋 120 000 m² 的超大型建筑,这样的爆破规模在国内非常少见。冷却塔在底部用 40 对人字柱支撑,人字柱断面正方形,尺寸为 0.45 m×0.45 m,人字柱地面以上高 5.6 m;人字柱顶端与圈梁相连,圈梁下部外径为 71.75 m,内径为 70.75 m,壁厚为 0.5 m,高为 2.0 m;圈梁以上部分为筒体,壁厚为中部薄,两端厚,从下至上为 0.300 m～0.161 m～0.235 m 变化;冷却塔总重为 4 021 t。

6.2.1.3　150 m 高烟囱工程结构

烟囱为整体浇注钢筋砼筒式结构,高 150 m。在 ±0.0 m 标高处,烟囱壁厚 0.45 m,内直径为 11.4 m,外直径为 12.3 m,无隔热层和内衬;烟囱内部在 +6.5 m 标高处为井字梁支撑的积灰平台,井字梁与烟囱筒壁连为一体;+7.3～150 m,烟囱内有内衬;7.3～30 m,内衬厚 0.24 m;30 m 以上内衬厚 0.12 m;在 +17 m 标高处,烟囱外直径为 10.6 m,内直径为 9.9 m,壁厚 0.35 m;在 +150 m 标高处,烟囱外直径 6.67 m,内直径 6.27 m,壁厚 0.2 m;烟囱筒身在 ±0 m 标高处正南方向有一高 2.4 m,宽 1.8 m 的出灰口,在 +7.3 m 标高处东西方向各有一个烟道,东方向烟道高 4.0 m,宽 4.4 m,西方向烟道高 7.5 m,宽 5.0 m。经计算烟囱重 P 约为 5 750 t,重心高度 Z_c 为 52 m。

6.2.2　总体爆破方案

3 号机组冷却塔四周有建筑、供热管道和重要设施,北侧距离冷却塔底部 15 m 远处有混凝土搅拌站,故只能利用冷却塔北侧长 15 m、宽 50 m 的有限定向倒塌空间,供冷却塔定向倾倒。经过充分考虑,反复讨论,比选爆破方案,最终大胆提出采用导向窗尺寸加高加宽,爆破切口部位抬高,分段切断圈梁等创新技术实施爆破拆除的方案。充分利用冷却塔薄壁结构起偏触地能形成溃屈、破坏的特点,使冷却塔倾倒过程中在空中充分解体,从而减小了爆堆的长度和高度,也降低了冷却塔塌落触地振动,减少了落地飞溅物等。

4 号机组冷却塔周围有建筑物及重要设施,只有西侧有长 36 m、宽 60 m 的倒塌空间,故仍然采用导向窗尺寸加高加宽,爆破切口部位抬高,分段切断圈梁等创新技术向西定向倾倒的爆破方案。

150 m 高烟囱倾倒方向正前方 156 m 远处就有供热管道要保护,决定在烟囱筒壁 +17 m 高处开设爆破切口向南定向倾倒的爆破方案。

6.2.3 爆破设计

6.2.3.1 爆破切口

150 m 烟囱采用正梯形爆破切口,切口部位为烟囱筒壁地面以上＋17 m 标高处,确保烟囱倒塌触地后其头部不危及架空热力管道的安全。切口对应圆心角取 210°,切口高度为 2.1 m,定向窗为三角形,定向角度设计为 30°,三角形底边长为 2.0 m,高为 1.15 m。导向窗宽 4 m,高 3 m,其内立、环筋切除,如图 6-14 所示。爆破切口处的筒壁厚度 $\delta =$ 0.35 m,炮孔深度 L 取 0.28 m,孔距 $a=0.35$ m,排距 $b=0.3$ m。

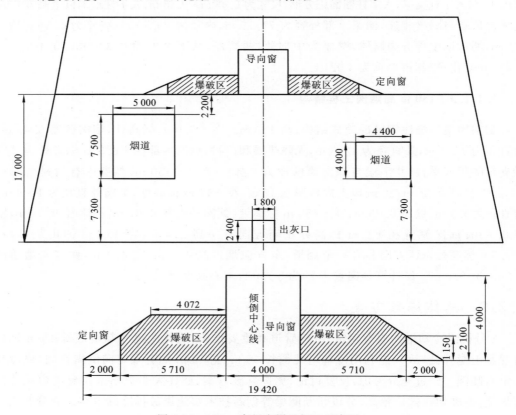

图 6-14　150 m 高烟囱爆破切口示意图

3 号机组冷却塔爆破切口采用矩形切口,切口高度(H):等于人字柱高度(5.6 m)、圈梁高度(2 m)、筒体切口高度(2.9 m)之和,总高度为 10.5 m。筒壁爆破区域为＋9.0～＋10.5 m 处,如图 6-15 所示。

人字柱共 40 对,按爆破切口圆心角 216°计算,总共需要爆破人字柱 40×(216°/360°)＝24 对。本冷却塔＋9.0 m 处周长为 217.92 m,由于东面供热管道距离冷却塔只有 5 m,场地有限,长臂挖掘机无法施工,故爆破切口长度视具体情况取为 121.86 m,保留支撑部分弧长 96.06 m,爆破参数设计如表 6-1 所示。

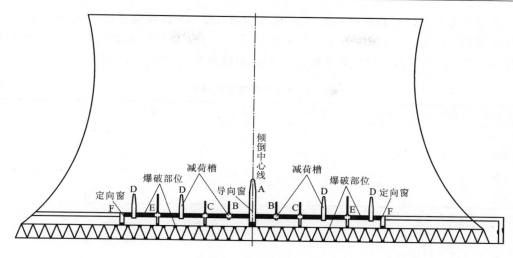

图 6-15　3 号冷却塔爆破切口示意图

表 6-1　3 号冷却塔炮孔参数表

炮孔位置	厚度/cm	孔深/cm	孔间距/cm	孔排距/cm	单孔药量/g	炮孔数/个	总药量/kg
人字柱	45	30	30	—	100	276	27.6
圈梁	50	35	40	35	120	62	10.8
筒壁	30	18	30	25	60	1 214	108.0
合计						1 552	146.4

注：炸药单耗量 K 值取 2.5 kg/m³，采用 2♯ 岩石乳化炸药。

4 号机组冷却塔爆破切口采用正梯形切口，切口高度（H）：等于人字柱高度（5.6 m）、圈梁高度（2 m）、筒体切口高度（2.9 m）之和，总高度为 10.5 m。筒壁爆破区域为 +9.0～+10.5 m处，如图 6-16 所示。

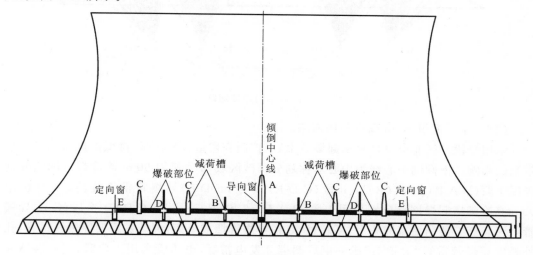

图 6-16　4 号冷却塔爆破切口示意图

人字柱爆破切口圆心角取 216°，人字柱共 40 对，按 216°爆破圆心角计算，则人字支撑柱需要爆破 40×(216°/360°)=24 对。本冷却塔+9.0 m 处周长为 217.92 m，爆破切口长度为 132.75 m，保留支撑板块弧长 85.17 m，爆破参数设计如表 6-2 所示。

表 6-2　4 号冷却塔炮孔参数

炮孔位置	厚度/cm	孔深/cm	孔间距/cm	孔排距/cm	单孔药量/g	炮孔数/个	总药量/kg
人字柱	45	30	30	/	100	276	32.2
圈梁	50	35	40	35	120	65	12.23
筒壁	30	18	30	25	60	1 473	117.84
合计						1 814	162.27

注：炸药单耗量 K 值取 2.5 kg/m³，本工程采用 2# 岩石乳化炸药。

6.2.3.2　起爆网路

(1) 150 m 高烟囱起爆网路

采用爆破切口中心线两侧的矩形区域孔内装 MS1 段，三角形区域孔内装 MS3 段非电毫秒导爆管雷管微差延期起爆技术，下部 4 排炮孔装双发非电导爆管雷管，其余 4 排炮孔装单发非电导爆管雷管。孔外下部采用装双发导爆管雷管的炮孔交叉复式，与其余装单发导爆管雷管的炮孔的雷管每 20 发为一组"一把抓"，采用双发 MS1 段非电雷管连接起爆，孔外的连接雷管再交叉复式，用 2 发瞬发电雷管并入起爆网路起爆，如图 6-17 所示。

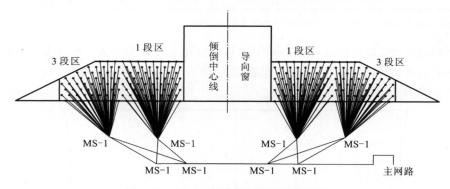

图 6-17　150 m 高烟囱爆破网路示意图

(2) 3、4 号机组 90 m 高冷却塔网路

采用分段分区非电毫秒延期起爆技术，以控制齐发最大装药量，降低爆破振动给周边带来的影响。由倾倒中心线为中心对称划分爆破区域，3 号机组 90 m 高冷却塔网路分别采用 1 段(B-A-B)、3 段(B-C)、5 段(C-D-E)、7 段(E-D-F)导爆管雷管装药。4 号机组 90 m 高冷却塔起爆网路分别采用 1 段(B-A-B)、3 段(B-C)、5 段(C-D-C)、7 段(C-E)导爆管雷管装药。装药堵塞完毕后，不超过 20 根导爆管捆成一束，绑 2 发瞬发导爆管雷管，孔外瞬发导爆管雷管"大把抓"成一束后捆绑 2 发电雷管，电雷管采用大串联，用起爆器起

爆,如图 6-18、图 6-19 所示。雷管的时差最大为 200 ms,其目的是有利于整个爆破切口在瞬间形成,而不至于因时差过大造成冷却塔还未起偏就开始解体或是下坐而不利于倾倒方向的控制。

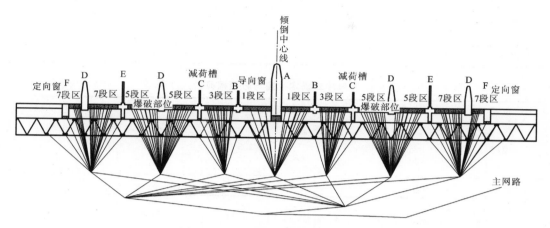

图 6-18　3 号冷却塔爆破网路示意图

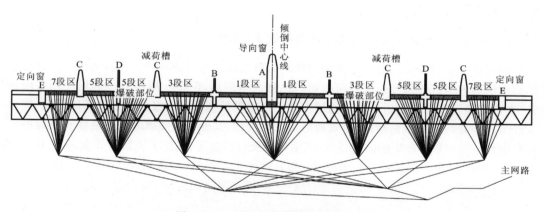

图 6-19　4 号冷却塔爆破网路示意图

6.2.4　预拆除

6.2.4.1　3、4 号机组冷却塔预拆除

1) 破碎 4 号机组冷却塔倒塌中心处人字柱,从该处进入塔内进行机械拆除。4 号机组冷却塔破碎倒塌中心线左侧第 4 对人字柱,从该处进入塔内进行机械拆除。将冷却塔内部预制构件掏空,冷却塔内部的支撑淋水平台的立柱、淋水平台等内部预制构件全部机械拆除,右侧第 4 对人字柱作试爆立柱。

2) 切口范围内的定向窗、导向窗、减荷槽采用破碎锤开凿,各尺寸见定位窗与减荷槽开凿尺寸表(表 6-3 和表 6-4)。

表 6-3　　3 号冷却塔定位窗与减荷槽开凿尺寸表　　　　（单位：m）

位置	A	B	C	D	E	F
宽度	3	上 0.5 中 3 下 1	上 0.5 中 3 下 1	2.5	上 0.5 中 3 下 1	2.0
高度	10.4	6.0	7.0	6.5	8.0	4.0

表 6-4　　4 号冷却塔定位窗与减荷槽开凿尺寸表　　　　（单位：m）

位置	A	B	C	D	E
宽度	3	上 0.5 中 3 下 1	2.5	上 0.5 中 2 下 1	2.5
高度	10.4	6.0	5.5	7.2	4.0

3）3 号机组冷却塔预拆除左右两侧第 11、12 对人字柱处圈梁及筒壁，用破碎锤开 2 m 宽切口。4 号机组冷却塔预拆除左右两侧第 12 对人字柱后圈梁及筒壁，用破碎锤开 2.5 m 宽切口。

6.2.4.2　冷却塔异型导向窗及减荷槽的开凿设计

爆破施工中对冷却塔进行适度的预处理可以起到非常好的减少工作量和提高爆高防止炸而不倒的效果。传统的矩形减荷槽切口已被大量应用，但本次爆破的冷却塔使用年限较长，在达到预处理工作量后其自身的结构稳定性很难得到保证。根据冷却塔具体情况，提出了开凿异型导向窗和减荷槽，既有效地增大破坏面积，又能够在爆破前保证塔体有良好的结构稳定性。针对该冷却塔的结构特点、使用年限及目前情况，提出了在筒壁开凿 A、B、C、D、E 五种不同的减荷槽。沿倾倒中心线对称分布具体尺寸见表 6-3 和表 6-4，分布情况见图 6-20。

图 6-20　冷却塔异型导向窗、减荷槽开凿及近体防护效果图

6.2.4.3　150 m 高烟囱预拆除

在保证烟囱稳定的条件下,预先拆除周围影响烟囱倒塌的相关建筑物,预先拆除与烟囱相连接的建筑物,预先拆除烟囱爆破切口范围内的定向窗和导向窗,以减少最后总的装药量(图 6-21)。

图 6-21　150 m 烟囱导向窗开设及近体防护效果

1) 开设定向窗,定向窗是保证烟囱倒塌方向准确的重要措施,必须开凿精确。具体做法是先沿定向窗周边线密集钻孔,并将表面钢筋凿出切断,然后再切除定向窗,定向窗边界要平整,定向角必须对称。

2) 开设导向窗,用长臂挖掘机在烟囱筒壁爆破开凿高 4.0 m,宽 4.0 m 的导向窗,减少爆破钻孔等工作量,同时也降低了爆破量,减小了安全防护的压力。

6.2.5　安全技术措施

6.2.5.1　90 m 高冷却塔安全技术措施

1) 在冷却塔施工过程中用毛竹脚手架沿着爆破切口范围搭设弧形施工平台,四周临边位置设置栏杆,并禁止无关人员进入施工现场,以确保施工安全,如图 6-22 所示。

2) 不擅自改变炮孔方向和孔网参数,严格按爆破设计方案钻孔,装药前要检查验收炮孔。装药、连线后要专人检查验收。

3) 为减少冷却塔的触地冲击,对倾倒前方区域用挖掘机整理平整,并铺上 0.5 m 厚的细沙,以降低冷却塔触地加速度和触地冲击速度,减小侧向飞石距离。

4) 对倾倒中心线西侧的被爆体(冷却塔人字柱、支柱环和筒壁)部分用安全网加强防护,被爆体重叠覆盖 20 层安全网,用 10 号铁丝捆扎牢固以保护西面架空 110 kV 高压线(3 号机组 90 m 高冷却塔)。对面向制氢站一侧的被爆体部分用安全网加强防护,被爆体重叠覆盖 20 层安全网,用 10 号铁丝捆扎牢固。

图 6-22　冷却塔施工平台搭设

5）在 3 号机组 90 m 高冷却塔倾倒方向正前方距离冷却塔 30 m 远处开挖一条长 70 m、宽 1 m、深 2 m 的减震沟。为减小 4 号机组 90 m 高冷却塔触地冲击对制氢站的影响，在冷却塔南面距离人字柱 10 m 远处挖一条长 50 m、宽 1 m、深 2 m 的减震沟，减震沟与院墙平行以保护南面制氢站不受影响。

6）对在 3 号机组 90 m 高冷却塔东南边的供热远程电子站和沉淀池临近冷却塔一侧用竹跳板和密目安全网进行覆盖防护，以免个别飞石或是冲击波对其造成损坏。在制氢站操作室面向 4 号冷却塔一侧搭设钢管排架并挂防晒网，防止个别飞石损坏窗户玻璃。

6.2.5.2　150 m 高烟囱安全技术措施

1）首先用毛竹脚手架搭设弧形施工平台至烟囱筒壁＋19 m 高处，四周临边位置设置栏杆，以确保后续的爆破切口测量定位和钻凿炮孔、装药连线、覆盖防护施工安全，如图 6-23 所示。

图 6-23　150 m 高烟囱施工平台搭设

2）烟囱＋17 m 以上部分重量为 3 658 t，重心高度为＋63 m，塌落触地冲量很大，为减小烟囱的触地冲击，专门设计了 6 道沙袋缓冲堤，从距烟囱根部 70 m 处开始沿倾倒方向由稀到密呈扇形布置，扇形角约 20°，缓冲堤沙袋在烟囱顶部加宽、加高。落点处缓冲堤宽 3.0 m、高 3.5 m，其余宽 2～3 m，高 2～3 m，防冲墙高 4 m、宽 3 m，以降低烟囱触地加速度和触地冲击速度，减小侧向飞石距离，如图 6-24 所示。

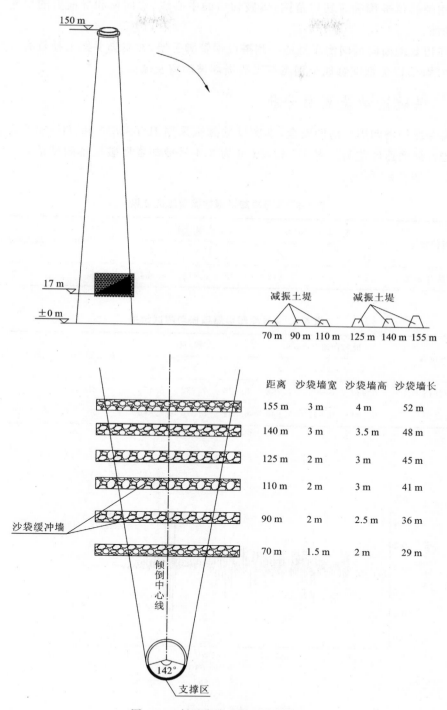

图 6-24　触地危害防护系统示意图

3）用经纬仪准确确定切口范围，爆破切口的中心线，定向窗和导向窗的尺寸、位置，并标记油漆。

4）在仿真楼面向烟囱倒塌触地一侧搭设钢管脚手架，并在脚手架上挂具有一定抗拉强度的防晒网，以免烟囱触地个别飞石飞溅损坏玻璃窗及墙面。

6.2.6　爆破振动监测及分析

为确保冷却塔四周厂房的安全，本次爆破测试采用 IDTS3850 和 TC-4850 智能爆破测振仪进行振动速度监测。表 6-5 和表 6-6 为 3、4 号冷却塔爆破振动测试结果。波形图如图 6-25～图 6-27 所示。

表 6-5　3 号冷却塔爆破振动测试结果

测点位置	最大振速/(cm/s)			主频/Hz			爆心距/m	最大段药量/kg
	X	Y	Z	X	Y	Z		
循环水冷却泵房	0.605	0.714	2.812	7.542	6.413	6.664	35	50.34

表 6-6　4 号冷却塔爆破振动测试结果

测点位置	最大振速/(cm/s)			主频/Hz			爆心距/m	最大段药量/kg
	X	Y	Z	X	Y	Z		
制氢站	0.938	0.905	1.708	8.426	7.332	8.458	21	38.22
仿真楼	0.794	0.692	1.946	6.361	6.576	7.846	60	

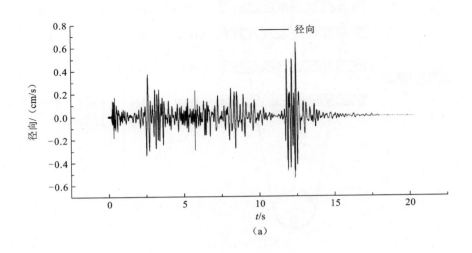

（a）

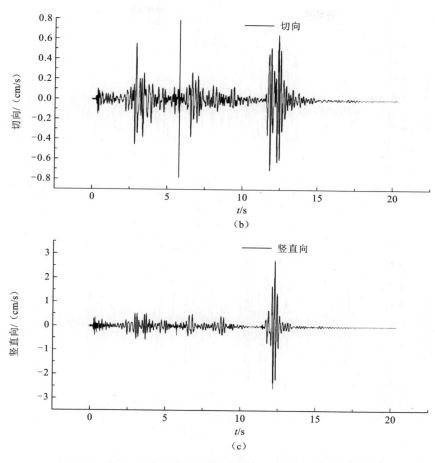

图 6-25 距 3 号机组冷却塔东北面 35 m 远处质点振动波形图

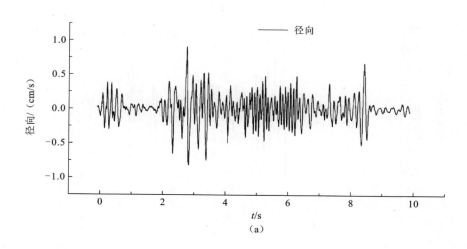

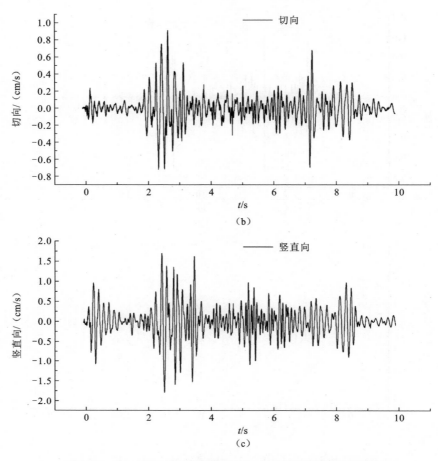

图 6-26　距 4 号机组冷却塔南面 21 m 远处质点振动波形图

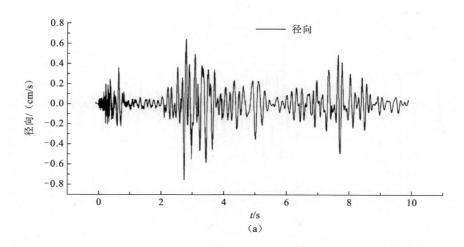

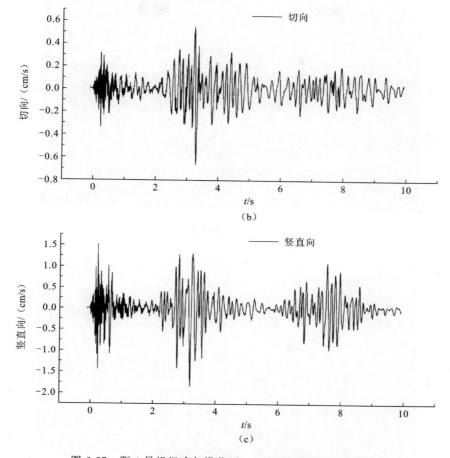

图 6-27　距 4 号机组冷却塔北面 60 m 远处质点振动波形图

监测结果分析:

1) 从表 6-5 和表 6-6 可以看出,质点最大振速为 2.812 cm/s,未超过爆破安全规程的要求。因此,邻近建、构筑物及设施是安全的。

2) 本次爆破引起的振动频率为 6.361～8.458 Hz,超过厂房和民房的自振频率(1～3 Hz),不会引起共振,导致厂房和民房破坏。

6.2.7　爆破效果

2011 年 6 月 12 日 10 时 18 分随着指挥长的一声令下,3 号和 4 号机组冷却塔及 150 m 高烟囱爆破切口部位喷出一团烟雾,冷却塔和烟囱按预定方向倒塌。110 kV 高压线、供热管道、供热远程电子站、浓缩池、实业公司办公楼、仿真楼、制氢站、周边厂房及设施完好无损,爆破总体效果非常好,如图 6-28～图 6-34 所示。

图 6-28　起爆前

图 6-29　起爆后 0.84 s

图 6-30　起爆后 2.12 s

图 6-31　起爆后 6.48 s

图 6-32　起爆后 9.38 s

图 6-33　4 号冷却塔爆堆形态图

图 6-34　整体爆破效果图

6.2.8　爆破小结

1) 通过采取抬高爆破切口,设计异型导向窗及减荷槽,不但有效地减小了打孔及相关工作量,同时也减少了爆破量,降低了安全隐患和防护难度,使冷却塔塌落时在空中解体充分,破碎程度好,爆堆高度只有 1.5 m,比预期的效果更好。

2) 人字柱的炮孔布置集中在底部和顶部,中间段不布置炮孔,充分利用人字柱本身与地面有 70°的倾角容易折断的结构特点,不但减小了钻孔工作量,而且也减小了单段最大起爆药量,同时也减小了安全防护的工作量。

3) 由于采用密目安全网交叉多层覆盖被爆体,起爆瞬间产生的飞石控制在 15 m 范围内,周围建筑设施的门窗玻璃完好无损。

4) 切口设计得当,倾倒方向和爆堆范围控制精确,特别是对后排的控制达到了完美效果,西南侧供热管道完好无损(图 6-35)。

（a）爆破前

（b）爆破后

图 6-35　3 号冷却塔后排 2 m 处供热管道爆破前后对比图

6.3　铜陵电厂 180 m 钢筋混凝土烟囱爆破拆除工程

6.3.1　工程概况

皖能铜陵发电有限责任公司老厂区因规划需要，需将老厂区现有的一座 180 m 高钢筋混凝土烟囱采用控制爆破技术拆除。该烟囱周围环境十分复杂，属于 A 级拆除爆破工程。

6.3.1.1　工程环境

烟囱周围环境：烟囱东边横向 27.8 m 为控制室，55 m 为高架空的输气管线及电缆桥架。南面距正在运行的多层高架电缆桥架（最低一层离地 2.6 m）1.4 m，距机修车间 10.5 m；西面横向 57.6 m 为保护的树，横向 82.5 m 为在建厂房（外墙挂大理石施工中）；北面距正在运行的电缆沟 192 m，电缆沟沟顶与地面平齐，上盖简易盖板，220 kV 升压站为 219 m；周围环境见图 6-36。

6.3.1.2　烟囱的结构

待爆 180 m 烟囱为钢筋混凝土筒式结构，建成于 1990 年，在 ±0.0 m 标高处，烟囱壁厚 460 mm，内直径 15.68 m，外直径 16.6 m，隔热层 0 m，内衬 0 m，外立筋 Φ22 mm，内立筋 Φ18 mm，外层环向筋 Φ18 mm，内层环向筋 Φ16 mm；在 +180 m 标高处，烟囱外径 5.80 m，内径 5.00 m，壁厚 400 mm，隔热层 100 mm，内衬 120 mm，外立筋 Φ12 mm，内立筋 Φ11 mm，外层环向筋 Φ11 mm，内层环向筋 Φ6 mm；采用 300♯ 混凝土整体滑模浇筑烟囱筒身，内衬耐火砖采用 50♯ 耐酸砂浆砌筑，水泥膨胀珍珠岩板做隔热层，烟囱内部在 +8.1 m 标高处为井字梁支撑的积灰平台，下部为钢制灰斗，井字梁放在筒壁的牛腿上，+8.10 m 以下无内衬。出灰口位于烟囱筒身在 ±0.0 m 标高处正南北方向，与烟囱中心轴线互相对称，高 2.5 m，宽 1.5 m，烟道高 5.6 m，宽 3.24 m，在 +8.10 m 标高处正东西方向各有一个。井字梁下有 4 根横截面为 50 cm×50 cm 的钢筋混凝土立柱支撑。

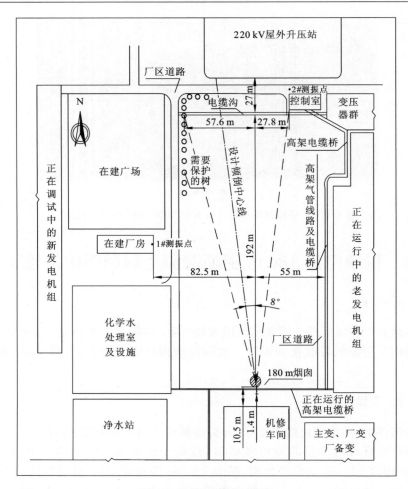

图 6-36　爆区周围环境图

6.3.2　总体爆破方案

为了确保烟囱南面电缆桥架、北面电缆沟、升压站和控制室带电运行的绝对安全,可供烟囱倒塌的范围只有北面长 192 m,宽 85.4 m,范围角 24°的区域,因此确定爆破拆除总体方案为:在+0.5 m 处开爆破切口,向北偏西 8°定向倒塌。

6.3.3　爆破设计

6.3.3.1　爆破前预处理

1) 精确测量放样:用全站仪准确测量烟囱周边环境,按设计将烟囱倾倒中心线、爆破切口、定向窗的位置、导向窗的位置和尺寸进行测量放样,并用红油漆标在烟囱相应位置上。

2) 定向窗采用机械处理形成,红线范围外的部分不得破坏,采用人工风镐修整定向窗边角,确保定向窗施工质量。

3）导向窗采用机械预处理。

4）爬梯和避雷线 8 m 以下部分全部拆除。

5）减小烟囱倒塌时的阻碍,提高爆破倒塌精度。在试爆时先爆破积灰平台支撑立柱。

6.3.3.2　开凿拱形超大开口导向窗

在烟囱倾倒方向上开凿拱形超大开口导向窗。以倾倒中心线为准向两侧开凿导向窗,导向窗下部为宽 7.0 m、高 4.2 m 的矩形,导向窗上部为宽 7.0 m、高 4.8 m 的拱形结构,在保证烟囱筒体足够可靠的前提下尽量破坏积灰平台井字梁的结构,尽可能处理井字梁倒塌方向部分,并切断横梁。开凿拱形超大开口导向窗如图 6-37 和 6-38 所示。这与传统工艺中不开口或小开口有明显区别。

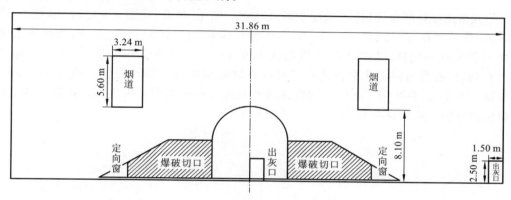

图 6-37　爆破切口结构及拱形超大开口导向窗设计示意图

图 6-38　爆破拱形超大开口导向窗施工效果图

1）大幅度地减少钻孔、装药、堵塞、联网、防护的工作量,同时也有效地控制爆破振动的强度。

2）能够有效地为爆破缺口和倾倒趋势形成提供导向。

3）在积灰平台圈梁上开凿一个缺口,破坏圈梁的整体性,使其在爆破之前仍然有足够的承载能力,能够满足其在烟囱整体的结构功能,而爆破缺口形成后,在切向力及圈梁缺口破坏导向的共同作用下,使得圈梁及积灰平台得到有效的破碎,既能防止积灰平台支撑影响倾倒效果,又可以加强底部的破碎效果,减小后期机械破碎的工作量。

4)拱形结构设计可以保证在拥有较大的预处理面积的同时也拥有较高的结构稳定性,防止爆破前因预处理而发生安全事故。

6.3.3.3　爆破切口设计

烟囱爆破采用正梯形切口,切口圆心角为 220°,切口高度为 4.2 m,定向窗夹角为 30°,定向窗底边长为 3 m(图 6-37 和图 6-38)。

6.3.3.4　切口爆破参数

炮孔采用梅花形布孔,排间采用交替式孔深。布 12 排孔,孔距 $a=0.45$ m,排距 $b=0.38$ m,炸药单耗 $q=2.6\sim3.9$ kg/m³,单孔装药量 $Q=200\sim300$ g。炮孔深度 L 取 0.36 m 和 0.41 m 两种,其中底部 4 排炮孔深 0.41 m,上部炮孔深交错采用 0.36 m 和 0.41 m 两种,孔深排间深浅交替式布置可以有效地均衡药包爆炸能量。采用集中装药,共布设 476 个孔,总装药 132 kg。起爆区域及炮孔布孔示意图见图 6-39。内部支撑立柱爆破位置及防护效果见图 6-40。

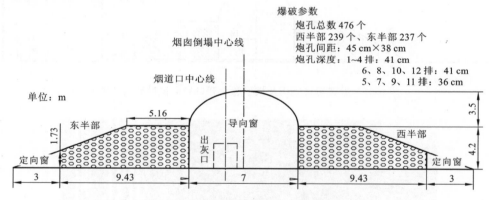

图 6-39　起爆区域及炮孔布孔示意图

图 6-40　内部支撑立柱爆破位置及防护效果

6.3.4　安全技术措施

6.3.4.1　触地危害综合防护体系

为减小烟囱倒塌时的触地振动和飞石飞溅,在烟囱倒塌方向上±8°范围内堆筑 6 道缓冲堤坝,距离烟囱根部中心 80~195 m,缓冲堤坝高 2.5~3.5 m,底宽 4~6 m,顶宽1~1.5 m,为减小烟囱触地造成地面碎石的飞溅,缓冲堤坝堆筑的材料里面不能有碎块;为使缓冲堤坝形成一个整体,表面再覆盖安全网,上铺设沙袋垫层。在倒塌方向的正前方,210 m 处修筑一道防冲坝,以防止烟囱头部触地后前冲,也可预防正前方飞石的飞溅。在倒塌方向的两侧,开挖 120 m 长的减振沟。触地危害防护措施示意图如图 6-41 所示。

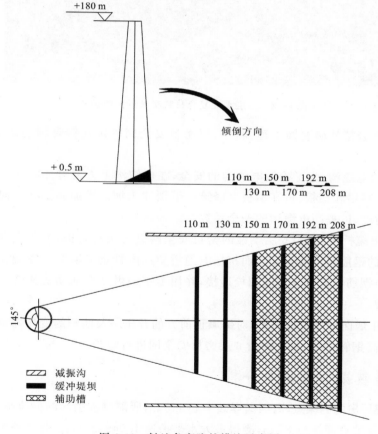

图 6-41　触地危害防护措施示意图

6.3.4.2　综合防护措施

1) 严格检查和验收炮孔质量,避免超量装药,保证炮孔填塞质量。

　　2）加强对装药部位的覆盖，对装药部位用20层密目安全网进行多层柔性复合材料交叉近体防护；多层柔性复合材料交叉近体防护图见图6-42。

图 6-42　多层柔性复合材料交叉近体防护图

　　3）西侧办公楼外墙装饰工程：将10层密目安全网固定在钢管脚手架上，进行整体覆盖。

　　4）北侧的电缆沟：为了确保电缆沟的安全，在电缆沟上方留有40～50 cm的架空缓冲空间架设工字梁和钢板，再在钢板上修筑一道缓冲土坝。增加靠烟囱方向紧邻电缆沟的缓冲堤坝高度，以提高电缆沟的安全系数。

　　5）南侧电缆桥架，采用6层柔性的密目安全网进行飞石防护，为防止烟囱倒塌过程中，烟囱尾部的钢筋及混凝土崩裂而挤坏电缆桥架的刚性钢筋混凝土支架，在爆破前，松开电缆桥架与钢筋混凝土支架的螺栓连接，并用工字钢做2个活动支架临时代替钢筋混凝土固定支架。

　　6）为防止烟囱倒塌触地飞溅，对倒塌正前方的升压站及西侧的变压器群进行被动防护，搭设6 m高钢管排架，其上铺设6层密目安全网进行防护。

6.3.5　爆破振动测试与分析

　　位于在建厂房的测振点，离烟囱爆破中心113 m，所测爆破引起的振速小于0.13 cm/s，烟囱触地时，触地点离测点85 m，测得最大水平振速1.049 cm/s，主振频率9.91 Hz，最大垂直振速2.16 cm/s，主振频率7.47 Hz。东侧30 m处300 MW发电机组和北侧室外升压站运行正常，周围建筑安然无恙。

6.3.6　爆破效果及科研观测分析

6.3.6.1　倾倒过程

烟囱爆破共拍摄了连续的 26 张照片,照片间隔时间为 1/1.5 s,经过对照片的比对和角度的换算,观测出:

1) 切口爆破:起爆后,经过 0.67 s,爆破切口的覆盖物无变形,经过 1.33 s,爆破切口的烟尘带着覆盖物飞离切口,爆破切口形成。

2) 切口闭合:1.33~3.33 s,烟囱切口初闭合;3.33~5.33 s,切口进一步闭合,倒塌方向的烟囱筒体与切口闭合。至此,烟囱发生微倾,倾斜角度很小,为 1°~5°,烟囱倾倒速度较低。5.33~12.66 s,最终爆破切口完全闭合,至此,烟囱倾倒角度为 15°~18°,倾倒速度逐渐加快。烟囱无后坐。

3) 加速倾倒:12.66~15.33 s,烟囱倾倒速度越来越快,至 15.33 s 时,烟囱倾倒角度为 60°~65°。

4) 加速触地:15.33 s,烟囱开始加速触地,倾倒速度进一步加速,至 17.33 s,烟囱头部着地。烟囱倾倒历时 17.33 s。

经过与爆破振动监测的数据对照,烟囱倾倒过程与其诱发的振动时间一致。

6.3.6.2　爆堆形态

起爆后 17.33 s 烟囱按设计方向倾倒,实际倾倒中心线误差为西偏 0.2°,烟囱无断裂,烟囱头部落在 181~185 m 的范围内,北面的电缆沟,安然无恙。烟囱尾端筒体完全破坏,约 80 m 长破碎不完全,其余部分完全破碎(图 6-43 和图 6-44)。

图 6-43　烟囱爆破无断裂倾倒触地

6.3.6.3　飞溅

1) 爆破飞石:对装药部位用 20 层密目安全网进行悬挂式覆盖,南侧电缆桥架采用 6

图 6-44　烟囱爆堆形态图

层柔性的安全网进行飞石防护。通过爆破后现场勘查及拍摄的照片可以看出,烟囱爆破产生的飞石基本控制在 30 m 范围内,南面的电缆桥架安然无恙。烟囱南端运行中的电缆桥架爆破前后对比如图 6-45 所示。

爆破前　　　　　　　　　　　　　　　　爆破后

图 6-45　烟囱南端运行中的电缆桥架爆破前后对比图

　　2) 烟囱触地产生的飞溅:触地飞溅,飞石的抛射角较大,多在 $20°\sim45°$,防护较困难;产生的飞溅比较远,但通过对加强缓冲堤坝的质量及坝上垒沙袋,可降低触地产生飞石的速度,从而缩短飞石飞溅的距离,个别飞溅物在 80 m 以内。

6.4　江西南昌发电厂 210 m 烟囱爆破拆除

6.4.1　工程概况

　　江西南昌发电厂为了响应国家节约能源,降低能耗,减少污染物排放量,改善空气质量的号召,决定对该厂 210 m 高钢筋混凝土烟囱采用控爆法进行拆除。

6.4.1.1 工程环境

待拆除 210 m 烟囱位于江西南昌发电厂生产区中央,建于 1987 年,东西北三面均为保留建筑物和正在运行设备,其中:东侧 25 m 为围墙,31.3 m 为铁路专线,55 m 为物流部生产和办公楼,110 m 为煤堆场,192 m 为高压线,205 m 是七里村民房;南侧 291 m 为厂区外围道路围墙,360 m 为高压线,450 m 为青山北路;西侧 43 m 为加工棚,85 m 为锅炉框架,110.5 m 为汽机房和厂用电室,172 m 为运行中的 110 kV 升压站,276 m 为高压线,300 m 为斗门村民房,距厂前路最近点 305 m,363 m 为仓库;烟囱北侧 36 m 为要保留的输煤栈桥,75 m 为中电电力各部门办公楼;倒塌范围地下无管网(图 6-46)。

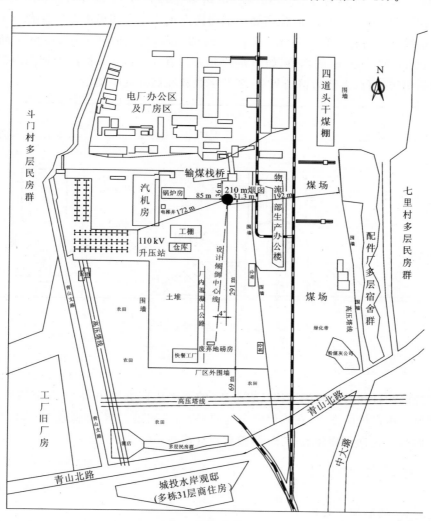

图 6-46 爆区周围环境图

6.4.1.2　烟囱的结构

　　烟囱为钢筋混凝土筒式结构,地面以上高 210 m。在±0.00 m 标高处,烟囱壁厚 0.62 m,内半径 8.62 m,外半径 9.24 m,为双层钢筋网,±0.0～+10.0 m 标高处外层竖向钢筋间距 150 mm,为 Φ22 mm 螺纹钢,环向钢筋为 Φ22 mm 螺纹钢,间距 200 mm;内层竖向钢筋为 Φ18 mm 螺纹钢,间距 300 mm,环向钢筋为 Φ14 mm 螺纹钢,间距 200 mm。在+210.00 m 标高处,壁厚 0.25 m,内半径 2.92 m,烟囱外半径 3.17 m,烟囱筒身采用 130 m 标高以下 300♯混凝土整体滑模浇筑,130 m 标高以上为 250♯混凝土整体滑模浇筑,+10.00 m 以下无内衬,10.00～57.50 m 内衬厚 0.24 m,57.50 m 以上内衬厚 0.12 m,内衬采用耐火砖砌筑,隔热层厚 0.12 m。±0.00 m 标高处在烟囱筒身正北方向和正南方向各有一个相对于烟囱中心轴线互相对称的高 2.00 m,宽 1.80 m 的出灰口,同向在+10.00 m 标高处各有一个高 7.00 m,宽 5.80 m 的烟道,如图 6-47 所示。在+10.00 m 标高处烟囱内部为多井字梁支撑的积灰平台,下部为钢制灰斗,多井字梁放在筒壁的牛腿上。

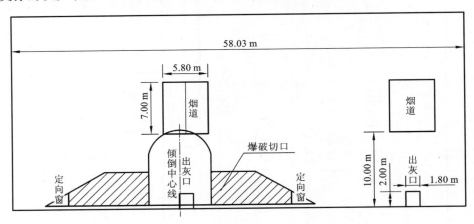

图 6-47　爆破切口结构及设计示意图

6.4.2　爆破方案

　　根据现场测量和对烟囱的结构认真分析,综合考虑厂方提出对 110 kV 升压站、斗门村和七里村民房保护的要求,在确保安全的前提下,为缩短工期,降低成本,本次烟囱拆除采用向南偏西 4°定向倒塌爆破方案,爆破切口开凿在+0.5 m 处。

6.4.3　爆破技术设计

6.4.3.1　爆破前预处理

　　(1) 把烟囱±0.00～+10.00 m 的爬梯和避雷线全部割断。
　　(2) 将出灰漏斗内余灰全部清除。

（3）用挖掘机以倾倒中心线为准在爆破切口中部向两侧对称开凿拱形超大导向窗（图 6-48）。导向窗下部为宽 8.0 m、高 6.8 m 的矩形结构，上部为宽 8.0 m、高 3.2 m 的拱形结构，烟囱倒塌方向的支撑积灰平台的多井字梁应尽可能处理，并将梁切断。

（4）采用绳锯切割法开凿定向窗（图 6-49），定向窗两侧必须保证对称并在同一高程。

图 6-48　开凿拱形超大导向窗　　　　　　图 6-49　绳锯切割法开凿定向窗

6.4.3.2　爆破切口设计

设计采用正梯形爆破切口。根据余留部分力学分析，切口圆心角取 215°，切口开设在 +0.5 m 处，此位置的烟囱壁厚 $\delta=620$ mm，外径 $D=18.44$ m，切口高度 $H=(1/6 \sim 1/4)D(H=1/4D=4.61$ m)，实际取 $H=5.2$ m。烟囱切口弧长 $L=\pi D(215°/360°)=34.58$ m。采用直角三角形定向窗，角度为 30°，高为 2.02 m，底边长为 3.5 m。定向窗与烟道口关系见图 6-47。

6.4.3.3　爆破参数设计

（1）切口爆破参数

+0.5 m 处切口：炮孔深度 $L=(0.6 \sim 0.85)\delta$，其中 δ 为爆破切口处的筒壁厚度，$\delta=620$ mm，$L=0.37 \sim 0.53$ m，炮孔深度 L 取 $0.35 \sim 0.45$ m（其中自底部起 1～4、6、8、10、12、14 排为 0.45 m，5、7、9、11、13、15 排为 0.35 m，孔距 $a=0.45$ m，排距 $b=0.35 \sim 0.38$ m，单孔装药量 $Q=300 \sim 400$ g。爆破总药量为 192 kg。

（2）炮孔布置

炮孔布置在爆破切口范围内，方向朝向烟囱中心，相邻排间炮孔采用梅花形布置，爆破切口布设 15 排炮孔，共 545 孔。

6.4.4　应用的核心关键技术

6.4.4.1　拱形超大开口导向窗技术和定向窗精确开凿技术

爆破切开中部，开凿拱形超大导向窗（图 6-48）。用挖掘机以倾倒中心线为准向两侧开凿导向窗,导向窗下部为宽 8.0 m、高 6.8 m 的矩形,导向窗上部为宽 8.0 m、高 3.2 m 的拱形结构,以保证在结构足够可靠的前提下破坏积灰平台井字梁,尽可能处理井字梁倒塌方向部分,并横梁切断。定向窗采用绳锯切割法(图 6-49)。

6.4.4.2 电子数码雷管起爆技术

采用电子数码雷管起爆网路。本次爆破采用了由北京北方邦杰科技发展有限公司研制,湖北东神卫东化工科技有限公司生产的"隆芯 1 号"数码电子雷管。

切口分成对称的 6 个区,即东西向各 3 个区(I、II、III 区),每一个区内的电子数码雷管并联接入一区域线上,再用主线联入一块 EBR-908 型铱铈表中;总起爆非电导爆管雷管的电子数码雷管并入东向的 III 区;在起爆站,6 块 EBR-908 型铱铈表并联接入 1 台 EBQ-908 型主起爆器上,形成起爆系统——电子数码雷管铱铈起爆系统。起爆网路见图 6-10~图 6-12。

6.4.4.3 高耸构筑物爆破拆除触地效应综合防护技术

为减小烟囱倒塌时的触地振动和飞石飞溅,在烟囱倾倒中心线±6°范围内距烟囱根部中心 90~224 m 距离内垂直倾倒中心线堆筑 8 道缓冲堤坝,缓冲堤坝材料为煤灰、黄土、黄沙等,上宽 2 m,下宽 6 m,长 39~75 m,高 3 m,堤间间距为 17~20 m,每两道缓冲堤坝之间开挖 2 m 深的减振-降尘辅助槽,该辅助槽在实际工作中变相提升了缓冲堤坝的高度和宽度。缓冲堤坝敷设设计见表 6-7,减振-降尘辅助槽开挖示意图见图 6-50。为减小烟囱触地造成地面碎石的飞溅,缓冲堤坝堆筑的材料里面不能有碎块,用 2 层高强度防晒网整体覆盖缓冲堤坝使之形成一个整体,在堤坝的顶部和烟囱倾倒侧将黄沙扎口封闭的编织袋整齐堆放,铺设 3 层。爆破前在辅助槽内注入 0.50 m 清水,烟囱触地时正面筒壁先接触水面,强大的能量使得水溅起甚至部分雾化,随后烟囱筒壁接触辅助槽底破碎并产生扬尘,粉尘在传播过程中受到先溅起水雾的阻碍,被控制在一个有限的范围内。在倒塌方向的正前方 245 m 处修筑一道高 4 m、宽 6 m 的防冲墙,以防止烟囱头部触地后前冲。在缓冲堤坝两侧开挖 2 m 深、1.5 m 宽、190 m 长的减振沟,减振沟与防冲堤前的辅助槽闭合成 U 形,将整个倒塌空间封闭起来,有效阻止烟囱倾倒产生的触地振动的传播。高耸构筑物爆破拆除触地危害效应综合防护体系见图 6-51。

表 6-7　缓冲堤坝敷设设计表

	第一道缓冲堤坝	第二道缓冲堤坝	第三道缓冲堤坝	第四道缓冲堤坝	第五道缓冲堤坝	第六道缓冲堤坝	第七道缓冲堤坝	第八道缓冲堤坝	第九道防冲墙
距离/m	90	110	130	150	170	190	207	224	245
规格/m	39×3×6	43×3×6	47×3×6	51×3×6	56×3×6	60×3×6	65×3×6	70×3×6	75×4×6
	B	C	C	C	A	A	A	A	B

图 6-50　减振-降尘辅助槽开挖示意图

图 6-51　高耸构筑物爆破拆除触地危害效应综合防护体系

6.4.4.4　多层柔性复合材料交叉近体防护技术

采用多层柔性复合材料交叉近体防护,对装药部位 20 层密目安全网和 3 层土工布进行覆盖,以防飞石的溢出。图 6-52 为多层柔性复合材料交叉近体防护图。

图 6-52　多层柔性复合材料交叉近体防护图

6.4.5　爆破切口理论校核

利用第 2 章中 2.3.1 节式(2-28)和式(2-41)进行分析计算,断裂点 F 处拉应力 σ_F 及最大压应力 σ_A 与切口角之间的数值关系如表 6-8 所示。

表 6-8　爆破切口角与应力分布

切口角/(°)	170	175	180	190	200	210	215	220	225
σ_F/MPa	4.35	5.06	5.85	7.65	9.79	12.27	13.64	15.05	16.51
σ_A/MPa	21.52	23.32	25.29	29.77	35.04	41.11	44.41	47.83	51.31

根据烟囱混凝土和钢筋设计规范,采用第 2 章中 2.3.1 节式(2-26)可计算出 F 点的极限抗拉强度 $f_{bt}=4.96$ MPa,压力区的极限抗压强度 $f_{bc}=50$ MPa,所以满足应力条件的切口角度范围是 175°~223°。由于余留支撑部分的预处理,其极限抵抗力矩大大减小。当切口角度 $\alpha=175$° 时,点 F 处的钢筋混凝土受拉开裂,随着裂纹的发展,拉区荷载由钢筋承受,然而此时仍有部分混凝土承受拉力。

由表 6-9 可见,$\alpha=208$° 为混凝土开裂后保留截面完全破坏的弯矩条件,是保证烟囱可以顺利倾倒的切口角度。其中 M_w 按 5 级反向计算。当 $\alpha=215$° 时,对应的切口闭合角 $\alpha_0=23.2$°,因此满足切口闭合重心移除支撑点之外的最小爆破切口高度 1.52 m,以及稳定性条件的最小爆破切口高度 1.65 m,实际爆破采用的切口高度为 5.2 m,满足顺利倒塌的要求,并有效地减小了裸露钢筋抵抗弯矩。

表 6-9　爆破切口角度与弯矩分布

切口角/(°)	M/ (MN·m)	M_{st}/ (MN·m)	M_{cc}/ (MN·m)	M_{sc}/ (MN·m)	M_{ct}/ (MN·m)	M_w/ (MN·m)	M_s/ (MN·m)
215	428.3	137.6	169.5	4.345	1.406	3.17	4.92
210	401.6	162.4	188.9	4.84	1.66	3.17	4.58
208	386.4	183.8	186.2	4.775	1.877	3.17	4.17

可见实际采用的 215° 切口角完全满足保证倒塌的两个条件。切口爆破后动荷冲击因数 $K_d=1.6$,切口爆出短时期内 $\sigma_{cd}=9.154$ MPa$<f_{cc}$,因此爆破是安全的。定向窗口夹角为 30°,计算表明切口高度和定向窗夹角满足要求。

6.4.6　风荷载对 210 m 烟囱倒塌过程影响的计算

利用 2.4 节的推导可以计算:

1) 计算钢筋混凝土烟囱自振周期[79]。

$$T_1 = 0.53 + 0.08 \times 0.01 \times \frac{H^2}{d} = 0.53 + 0.08 \times 0.01 \times \frac{210^2}{9.24 + 3.17} = 3.373\,(s)$$

2）判断烟囱是否产生横向共振。

临界风速为 $v_{cr} = \dfrac{5D}{T_1} = \dfrac{5 \times 2 \times 5.19}{3.373} = 15.39 \,(\text{m/s})$，$D$ 为烟囱 2/3 高度处的外径，

$D = 10.38$ m，设计基本风速为 $v_0 = \sqrt{1\,600\omega_0} = \sqrt{1\,600 \times 0.5} = 28.28 \,(\text{m/s})$，雷诺数 $Re = 69\,000 v_{cr} D = 69\,000 \times 15.39 \times 2 \times 5.19 = 11\,022\,626 > 3.5 \times 10^6$，由于 $v_{cr} < v_0$，所以可能发生跨临界范围的一阶横向共振。

3）计算临界风速起始点高度。

起始点高度

$$H_1 = H \times \left(\frac{v_{cr}}{v_H} \right)^{1/\alpha} = 210 \times \left(\frac{15.39}{28.28} \right)^{1/0.16} = 4.685 \text{ m}$$

由于 $H_1/H = 4.685/210 = 0.0223$，查表[28] 得到 $\lambda_1 = 1.56$。

4）考虑最不利情况，当漩涡脱落引起横风向共振时，高耸筒形构筑物受到的顺风向效应和横向共振效应共同引发的组合效应为 $S = \sqrt{S_c^2 + S_A^2}$，Z 高度处所受到的组合效应的等效风荷载 ω' 按下式计算：

$$\omega' = \sqrt{\left(\frac{|\lambda_j| v_{cr}^2 \varphi_{zj}}{12\,800\zeta_j} \right)^2 + \left(\frac{1+\beta_z}{1\,600} \mu_s \mu_z v_{cr}^2 \right)^2}$$

$$= \sqrt{\left(\frac{1.56 \times 15.39^2 \times 1}{12\,800 \times 0.05} \right)^2 + \left(\frac{1+1.3}{1\,600} \times 0.5 \times 2.65 \times 15.39^2 \right)^2}$$

$$= \sqrt{0.577^2 + 0.451^2} = 0.732 \,(\text{kN/m}^2)$$

5）如果没有考虑漩涡脱落引起横风向共振，则代入计算的基本风压为 $\omega_0 = 0.5$ kN/m²，由此可能产生误差 $k = \dfrac{\omega'}{\omega} = \dfrac{0.732}{0.5} = 1.464$。总风荷载引起的弯矩 M 为

$$M = \int_0^H 2R_z \omega' z \,\mathrm{d}z = \int_0^H 2z \left[210 - \frac{(9.24 - 3.17)z}{210} \right] \times 0.732 \mathrm{d}z = 6\,648\,472 \text{ N} \cdot \text{m}$$

6）考虑漩涡脱落可能产生的烟囱倾倒角度的误差。

风荷载作用下的倾倒偏转角

$$\tan\theta = \frac{MI_1 \sin\beta}{(Ge - M\cos\beta)I_2}$$

考虑漩涡脱落引起横风向共振，烟囱倾角为 θ'，则

$$\tan\theta' = \frac{M'I_1 \sin\beta}{(Ge - M'\cos\beta)I_2}$$

得到

$$\frac{\tan\theta'}{\tan\theta} = \frac{M'I_1 \sin\beta}{(Ge - M'\cos\beta)I_2} = \frac{M'(Ge - M\cos\beta)}{M(Ge - M'\cos\beta)}$$

式中：β 为风向与倾倒方向的夹角，考虑横风向共振引起的倾倒偏转角与不考虑横风向共振引起的倾倒偏转角之差为 $\Delta\theta = \theta' - \theta$。例如，当风向与倾倒方向的夹角为 $\beta = 5°$ 时，代入数据计算得到考虑漩涡脱落引起横风向共振后引起的倾倒偏转角为 $\theta' = 16°$，误差为 11°。

6.5　施 工 要 点

南昌电厂烟囱倾倒过程及效果图见图6-53。

图6-53　南昌电厂烟囱倾倒过程及效果图

1) 测量要准确。由于允许倾倒范围较小,烟道口较多,烟囱倾倒方向线上烟道口与出灰口结构呈不对称分布,因此加强测量准确定位尤为重要。选用经验丰富的测量工程师,作1:100平面图,进行爆破设计,用经纬仪精确定切口水平高度、倾倒中心线、切口和定向窗尺寸。

2) 用绳锯切割法精确开凿定向窗的方法与混凝土钻孔取芯机将定向窗整体取出的方法和用密集孔、小药量松动预裂爆破开定向窗方法进行比较,夹角更规整,时间更短,同时减少了对烟囱的损伤,值得大力推广。

3) 爆破切开中部开凿拱形超大导向窗技术具有非常大的实用价值。拱形超大开口导向窗的开凿,减少了钻孔量、炸药量和爆破振动,提高了炸高。同时,在爆破前破坏圈梁,有利于底部筒壁的整体破碎。

4) "隆芯1号"数码电子雷管爆破精度高、延时范围宽和网路可检查的特点提高了爆破网路的可靠性和方案设计的灵活性,铱钵起爆系统具有抗杂散电流、使用安全性好、延时可在线编程的高精度毫秒延期同步起爆的能力,能够实现和满足高精度延时减震爆破的工程要求。数码雷管起爆技术在未来大规模、高水平的复杂工程爆破中将具有很好的应用前景。

5) 依托缓冲层防护为主体,减振沟防护和减振-降尘辅助槽为辅的高耸构筑物爆破拆除触地综合防护技术能有效地控制烟囱触地振动、防飞溅和降尘。

6）多层柔性复合材料交叉近体防护技术能有效控制飞石。

7）爆破切口理论校核可以用于指导爆破设计。

8）当风向与倾倒方向的夹角为 $\beta = 5°$ 时，代入数据计算得到考虑漩涡脱落引起横风向共振后引起的倾倒偏转角为 $\theta' = 16°$，误差为 11°。风荷载对高烟囱爆破效果影响较大，应尽量选择无风或风力小于 3 级时爆破。

参 考 文 献

[1] 刘世波.百米以上钢筋混凝土烟囱拆除爆破研究.北京:铁道部科学研究院,2004.

[2] 冯叔瑜,吕毅,顾毅成.城市控制爆破.北京:中国铁道出版社,1987.

[3] 李翼祺,马素贞.爆炸力学.北京:科学出版社,1992.

[4] 王健.高耸烟囱爆破拆除安全性的力学分析.唐山:河北理工大学,2005.

[5] 周听清.爆炸动力学及其应用.合肥:中国科学技术大学出版社,2001.

[6] 关志中,金人嫠.控制爆破技术现状.爆破,1991,8(3):5-6.

[7] 姜占财.高层框架结构楼房定向倾倒的力学模型及强度计算.青海师范大学学报,1995(3):25-28.

[8] 张义平.烟囱定向爆破拆除倒塌过程.爆炸与冲击,2010,27(4):82-84.

[9] 杨建华,马玉岩,卢文波,等.高烟囱爆破拆除倾倒折断力学分析.岩土力学,2011,32(2):459-464.

[10] 贾金河,于亚伦.国外拆除爆破的现状.爆破,1998,15(2):37-41.

[11] 何军,于亚伦,李彤华.城市建(构)筑物控制拆除的国内外现状.工程爆破,1999,5(3):76-81.

[12] 汪旭光,于亚伦.21世纪的拆除爆破技术.工程爆破,2001,6(1):32-35.

[13] 秦明武.控制爆破.北京:冶金工业出版社,1993.

[14] 谢海波.钢筋混凝土烟囱拆除爆破理论模型研究.昆明:昆明理工大学,1998.

[15] 王斌.高耸建筑物爆破拆除中失稳断裂因素的研究.湘潭:湖南科技大学,2003.

[16] 傅建秋,魏晓林,汪旭光.建筑爆破拆除动力方程近似解研究.爆破,2007,24(3):1-6.

[17] 沈朝虎.钢筋砼烟囱拆除爆破技术运用及触地飞溅分析.昆明理工大学,2002.

[18] 张修玉,张义平,池恩安,等.烟囱绕爆破切口直径转动惯量的解法.爆破,2010,27(4):82-84.

[19] 叶海旺,房泽法.拆除爆破专家系统.爆破,1999,16(4):10-14.

[20] 费鸿禄,段宝福.风荷载对筒形高耸建筑物定向爆破倾倒过程影响的研究.爆炸与冲击,2000,20(1):92-96.

[21] 齐金铎.现代爆破理论的发展阶段.爆破,1996,13(4):7-10.

[22] 何广沂,朱忠节.拆除爆破新技术.北京:中国铁道出版社,1988.

[23] SUN J W, HUANG X P, LAI J. Numerical simulition for demolition of reinforced concrete frame structures with controlled blasting. The Second International Conference on Engineering Blasting Technique,Kunming,1995:395-400.

[24] 新涛,程贵海.用事故树分析砖砌烟囱定向爆破倾倒偏向的原因.煤矿爆破,2005(2):18-20.

[25] 许连坡.38米钢筋砼烟囱倾倒过程的力学分析.爆炸与冲击,1985,5(2):59-68.

[26] 陈海涛.中美标准下的钢烟囱风荷载计算比较.余热锅炉,2009(3):28-32.

[27] 陈华腾,莫大奎.高耸建筑物定向拆除爆破研究.爆破,1998,15(4):26-31.

[28] 江见鲸,徐志胜.防灾减灾工程学.北京:机械工业出版社.2005.

[29] HUANG J S. Blasting demolition of high building 10m away from the computer station. The Sceond International Conference on Engineering Blasting Technique,Kunming,1995:344-348.

[30] 李守巨,费鸿禄,张立国,等.爆破拆除冷却塔倾倒过程研究.爆炸与冲击,1995,15(3):282-288.

[31] 魏德,李玉岐.切口形状对烟囱拆除爆破倒塌过程的影响分析.爆破,2008,25(4):92-95.

[32] 曹春梅.烟囱倾倒过程的简化力学分析.天中学刊,2007,22(2):20.

[33] 何军,于亚伦,王双红,等.高耸圆筒形构筑物爆破拆除物理—力学模型的确定.北京科技大学学报,1998,20(6):507-512.

[34] 房泽法,钱烨.高耸筒体建筑物爆破拆除设计中的运动学分析.武汉理工大学学报,2004,26(7):65-67.

[35] 叶国庄,朱爱华.烟囱倒塌过程的计算机模拟.爆破,1998,15(2):28-32.

[36] 成新法,黄卫东.筒形薄壁建筑物爆破拆除切口研究.爆破,1999,16(3):15-19.

[37] BAŽANT Z P,VERDURE M. Mechanics of progressive collapse: Learning from world trade center and building demolitions . Journal of Engineering Mechanics-Asec,2007,133(3): 308-319.

[38] 郑炳旭,魏晓林,陈庆寿.钢筋混凝土高烟囱爆破切口支撑部破坏观测研究.岩土力学与工程学报,2006,25(2):3514-3517.

[39] 谢春明,杨军,薛里.高耸筒形结构爆破拆除的数值模拟.爆破与冲击,2012,32(1):73-78.

[40] 杨年华.百米以上钢筋混凝土烟囱定向爆破拆除技术.工程爆破,2004,10(4),26-30.

[41] 李玉岐,谢康和,焦永斌,等.砖烟囱爆破切口形状对切口角和切口高度的影响分析.爆破,2004,21(1):47-50.

[42] 周同龄,翁家杰,杨秀甫.爆破拆除楼房建筑的力学分析.爆破器材,1999,28(1),19-23.

[43] 孙金山,卢文波,谢先启,等.钢筋混凝土烟囱拆除爆破双向折叠定向倾倒方案关键技术探讨.爆破,2004,21(2):6-9.

[44] 叶海旺,薛江波,房泽法.基于 LS-DYNA 的砖烟囱爆破拆除模拟研究.爆破,2008,25(2):39-42.

[45] 罗艾民.高耸筒式构筑物控制爆破拆除研究.西安:西安科技学院,2001:39-42.

[46] 贺五一,谭雪刚.复杂结构高耸建筑物爆破拆除切口研究.爆破,2007,24(1):14-17.

[47] 傅菊根,姜建农,张宇本.高耸建筑物爆破拆除切口高度理论计算.爆破器材,2006,12(2):56-58.

[48] 施富强,周斌.建筑结构控制爆破拆除的力学分析与应用.工程爆破,2008,14(1):4-7.

[49] 许连坡.关于爆炸荷载对烟囱倾倒方向的影响.爆炸与冲击,1989,9(3):228-237.

[50] 刘亚琦,梁枢果.高烟囱的横风向共振研究.特种结构,2004,21(3):57-59.

[51] FANG H Y,KOERNER R M,SUTHERLAND H. Instrumentation and monitoring criteria to determine structural response from blasting. Proceedings of the Second Conference on Explosives and Blasting Techniques,Louisville,Kentucky,1976:148-154.

[52] DOWDING C H. Blast vibration monitoring and control. Amsterdam: North-Holland Publishing Company,1985.

[53] FARHOOMAND I,WILSON E. A nonlinear finite element code for analyzing the blast response of underground structure. University of California Berkeley,California,1970.

[54] CARTER C. Blast-resistant design concepts and member detailing: steel. Handbook for Blast-Resistant design of Buildings. 2010:383-420.

[55] DOWDINGS C H. Suggested method for blast montoring. Int. J. Rock Mech. Min. Sci. & Geomech. Abstr,1992,29(2):143-156.

[56] NEGMATULLAEV S K,TODOROVSKA M I,TRIFUNAC M D. Simulation of strong earthquake motion by explosions-experiments at the Lyaur testing range in Tajikistan. Soil Dynamics and Earthquake Engineering,1999,18(2):189-207.

[57] ROCKWELL E H. Vibrations caused by blasting and their effect on structures. EI du Pont de Nemours & Company, Explosives Department,1933.

[58] MCLAUGHLIN K L, BONNER J L,BARKER T. Seismic source mechanisms for quarry blasts:

modelling observed Rayleigh and Love wave radiation patterns from a Texas quarry. Geophysical Journal International Banner,2003,156(1):79-93.

[59] CARDER D S. Seismic investigation of large explosions. J Coast and Geodetic Survey,1948,1(1): 71-73.

[60] CRANDELL F J. Ground vibration due to blasting and its effect on structures. J Boston Soc Civil Eng,1949,36(2):222-245.

[61] ROGERS A M,HAYS W W. Ground response studies in three western US cities//Journal of the Institute of Wood Science -Symposium on Earthquake engineering V1. Meerut: Sarita Parakashan, 1978: 21-25.

[62] GAO J S,ZHANG H T,ZHANG Z Z W. Demolition and research of a 180 meter-high chimney by controlled blasting. III Geo-engineering Congress Rock Excavation,London,J C E B J,1992,(12): 120-122.

[63] DOWDINGC H,AIMONE C T. Multiple blast-hole stresses and measured fragmentation. Rock Mechanics and Rock Engineering,1985,18(1):17-36.

[64] SHARPE J A. The production of elastic waves by explosion pressures. I. theory and empirical field observations. Geophysics,1942,7(2):144-154.

[65] SWOBODA G,ZENZ G,LI N,et al. Dynamic Analysis of Blast Procedure in Tunneling//Structural Dynamics. Springer Berlin,Heidelberg,1991:385-437.

[66] HATANO T. Relations between strength of failure,strain ability, elastic modulus and failure time of concrete. Transactions of the Japan Society of Civil Engineers,1961,1961(73):24-27.

[67] BISCHOFF P H,PERRY S H. Compressive behavior of concrete at high strain rates. Materials and Structure,1991,24(6):425-450.

[68] MALVAR L J,ROSS C A. Review of strain rate effects for concrete in tension. Material Journal, 1998,95(6):735-739.

[69] HULSHIZER A J. Acceptable shock and vibration limits for freshly placed and maturing concrete. Materials Journal,1996,93(6):524-533.

[70] BLEUZEN Y, JAUFFRET G, HUMBERT D. Technological improvements on explosives for underground work operation. Explosives & Blasting technigue,2000:187-193.

[71] CUNNINGHAM C V B. The effect of timing precision on control of blasting effects//Conference on explosive and blasting technique. Balkema Publisher,Rotterdam. 2000:123-127.

[72] KRAWINKLER H, SENEVIRATNA G. Pros and cons of a pushover analysis of seismic performance evaluation. Engineering Structures,1998,20 (4-6):452-464.

[73] 李守巨,刘玉晶. 爆破拆除砖烟囱爆破切口范围的计算. 工程爆破,1999,5(2):1-4.

[74] 管昌生,曹东林,程康,等. 高危倾斜烟囱爆破拆除的可靠度分析. 爆破,2001,18(3):12-14.

[75] 李本伟,陈德志,张萍,等. 180 m 高钢筋混凝土烟囱爆破拆除. 爆破,2011,26(4):41-45.

[76] 崔晓荣,王殿国,陆华. 百米钢筋混凝土烟囱定向爆破拆除. 爆破,2008,25(4):56-59.

[77] 杨年华. 薄壁钢筋混凝土烟囱和水塔定向爆破拆除. 工程爆破,2005,11(4):42-45.

[78] 王斌,唐海. 高耸建筑物爆破定向倾倒运动风荷载计算分析. 力学与实践,2010,32(5):36-40.

[79] 刘晶波,杜修力. 结构动力学. 北京:机械工业出版社,2004.

[80] 刘鸿文. 材料力学. 北京:高等教育出版社,2004.

[81] 龙驭球. 结构力学教程. 北京:高等教育出版社,2004.

[82] 武宏博,程康,孙亚飞.风荷载对高烟囱爆破拆除倾倒方向的影响.爆破,2008,25(3):29-31.

[83] 王健,张云鹏,刘艳飞.钢筋混凝土高耸烟囱爆破拆除切口参数.爆破,2001,18(1):56-58.

[84] 牛春良.烟囱横向风振计算.特种结构,2004,21(3):60-62.

[85] 陈其春.钢筋混凝土高烟囱抗风设计探讨.四川建筑,2002(5):176,177.

[86] 褚怀保,余永强,杨小林,等.钢筋混凝土冷却塔爆破拆除控振措施研究.河南理工大学学报,2010,
     29(1):85-87.

[87] 王迪安.79m 高烟囱拆除爆破振动与塌落触地振动对比分析.工程爆破,2006,12(1):86-89.

[88] 李雅萍,刘庆潭.多跨弹性支座圆弧梁计算的传递矩阵法.中国铁道科学.2005,26(3):48-52.

[89] 罗艾民,林大能,潘果斌.建筑物塌落体触地冲击力计算方法研究.西安科技学院学报,2002,
     22(3):268-271.

[90] 李纬华,罗恩.非线性弹性薄壳静力学的一些基本原理.固体力学学报,2008,29(3):307-312.

[91] BLAIR D P,ARMSTRONG L W. The spectral control of ground vibration using electronic delay
     detonators. Francis,1999,3(4):303-334.

[92] ANDRE G,DENIS H,CLAUDE P. Method of controlling detonators fitted with integrated delay
     electronic ignition modules, encoded firing control and encoded ignition module assembly for
     implementation purposes. US,1996.

[93] PETZOLD J, HAMMELMANN F. The second generation of electronic blasting systems//
     Holmberg. Explosives & Blasting Technique. Balkema,Rotterdam,2000:159-164.

[94] BLAIR D P,ARMSTRONG L W. Integrated detonator delay circuits and firing console. US,1987.

[95] 谭海,王玉杰,陈先锋,等.教学用仿真电雷管制作及爆破网路的实现.爆破,2011,28(1):110-111.

[96] BARTLEY D A, WINFIELD B, MCCLURE R, et al. Electronic detonator technology:Field
     application and safety approch//Holmberg. Explosives & Blasting Technique. Balkema,Rotterdam,
     2000:149-158.

[97] 中国标准化委员会.中华人民共和国国家标准.GB8031-2005:工业电雷管.北京:中国标准出版
     社,2005.

[98] 中国标准化委员会.中华人民共和国国家标准 GB 19417—2003:导爆管雷管.北京:中国标准出版
     社,2004.

[99] 钟冬望,杨军.非电起爆系统可靠性分析与计算.工程爆破,1999,5 (1):71-75.

[100] 张敢生,钮强.常用几种非电起爆元件及传爆结点可靠度的确定.爆破器材,1991,(3):5-7.

[101] 毛静民.延迟间隔对微差爆破振动效应的影响.爆破,1997,14 (2):81-84.

[102] 中国力学学会工程爆破专业委员会.爆破工程.北京:冶金工业出版社,1992.

[103] 樊正复,姚尧.捆联对网路延时的影响.爆破器材,1996,(2):4-6.

扫码见彩图

图版 I 图版 II 图版 III 图版 IV

图版 V 图版 VI 图版 VII 图版 VIII

图版 IX 图版 X 图版 XI 图版 XII

图版 XIII 图版 XIV 图版 XV 图版 XVI